国家重点研发计划项目：基于光丝激光雷达的大气污染多组分监测技术研究（项目编号：2018YFB0504400）

强飞秒激光在大气中的成丝传输

冯志芳　著

中国原子能出版社

图书在版编目 (CIP) 数据

强飞秒激光在大气中的成丝传输 / 冯志芳著 . -- 北京 : 中国原子能出版社 , 2022.3
ISBN 978-7-5221-1924-3

Ⅰ . ①强… Ⅱ . ①冯… Ⅲ . ①飞秒激光—研究 Ⅳ . ① TN24

中国版本图书馆 CIP 数据核字（2022）第 051090 号

内 容 简 介

本书围绕实际应用所需要的激光在大气中长距离传输这一关键问题，通过改变激光脉冲的形状（利用环形光作为激光光源），利用能量补充方法，以及采用多脉冲相干增强激光强度的方法，来产生长距离的光丝。并对这一过程中的基本物理机制和相关的物理问题进行了系统的研究。主要内容包括：飞秒激光在大气中传输的基本理论和数值研究方法、强飞秒环形高斯光在大气中成丝传输的特性、飞秒环形高斯光束在大气中成丝的非线性效应、强飞秒环形高斯光在大气中成丝传输的透镜聚焦效应、利用三共线的飞秒脉冲在大气中产生长距离的双色光丝、强飞秒激光丝在连续变化气压的大气中的传输等。

强飞秒激光在大气中的成丝传输

出版发行　中国原子能出版社（北京市海淀区阜成路 43 号 100048）
责任编辑　张　琳
责任校对　冯莲凤
印　　刷　北京亚吉飞数码科技有限公司
经　　销　全国新华书店
开　　本　710 mm × 1000 mm　1/16
印　　张　12.375
字　　数　196 千字
版　　次　2023 年 3 月第 1 版　2023 年 3 月第 1 次印刷
书　　号　ISBN 978-7-5221-1924-3　　定　　价　198 元

网　　址：http://www.aep.com.cn　　E-mail:atomep123@126.com
发行电话：010-68452845

前　言

激光技术的飞速发展，为光与物质相互作用的研究提供了新的发展契机。强飞秒激光在大气中传输，会产生衍射、色散、克尔自聚焦、多光子电离等线性效应和非线性效应。特别是克尔自聚焦效应会使激光脉冲的强度不断增强，导致空气分子电离而产生一定浓度的等离子体，对激光脉冲起着散焦的作用。当克尔自聚焦效应和等离子体散焦效应达到动态平衡时会形成高强度的“光丝”。在光丝传输过程中，会产生丰富的物理现象，如锥角辐射、超连续波谱、高次谐波以及太赫兹辐射等。这些非线性现象不仅对于基础研究有着重要的意义，而且对于实际应用，如激光引雷、遥感探测和激光雷达等都有着巨大的应用价值。因此，飞秒激光在大气中传输已经成为国际强场物理领域的一项研究热点，吸引了众多物理学家的研究兴趣。

空心光束是近年来发现的一类新型光束，它是一种中心强度为零的激光束，由于空心光束具有新颖独特的物理性质，如桶状强度分布、较小的暗斑尺寸和传播不变性，并且具有自旋与轨道角动量等，故这种独特空心激光束在现代光学和原子光学等方面都有着巨大的应用潜力。特别是最近空心光（如暗空高斯光、环形艾里光等）在非线性介质中的传播特性也引起了人们广泛的研究兴趣。

另外，飞秒激光在真实大气环境中传输时会受到温度、湿度、大气密度，以及湍流等复杂、多样的大气条件的影响。相关研究的空间尺度从微米跨越到千米，时间尺度从飞秒跨越到毫秒。因此，强飞秒激光在大气中传输所经历的复杂的物理过程是这一领域研究所面临的巨大挑战。科研人员经过近30年的不断探索，无论是理论模型，还是实验技术都取得了很大的进展。由于其潜在的应用前景，光丝传输的研究正在形成一个新的光学分支——成丝非线性光学，交叉了物理、化学、生物医学、环境科学等诸多学科，是当前物理科学研究的最新前沿之一。

在本书中，我们围绕实际应用所需要的激光在大气中长距离传输这一关键问题，通过改变激光脉冲的形状（利用环形光作为激光光源），利用能量补充方法，以及采用多脉冲相干增强激光强度的方法，来产生长距离的光丝。并对这一过程中的基本物理机制和相关的物理问题进行了系统的研究。全书共 8 章，主要内容概括如下：

第 1 章绪论。全面介绍了强飞秒激光在大气中传输的研究发展现状，以及在此过程中出现的多种线性和非线性效应；并介绍了伴随飞秒激光传输过程中的一些主要的物理现象，如光丝强度的钳制、能量库，多光丝产生、超连续波谱以及三次谐波辐射等；最后对激光成丝的应用前景也作了简要介绍。

第 2 章飞秒激光在大气中传输的基本理论和数值研究方法。详细推导了描述飞秒激光在大气中传输的非线性传播方程，并对矢量波动方程、标量波动方程、前向 Maxwell 方程、非旁轴传输方程，以及非线性包络传输方程，即（$3D+1$）的非线性薛定谔方程，分别作了简要介绍；另外对求解波动方程所采用的多种数值研究方法进行了描述。

第 3 章强飞秒环形高斯光在大气中成丝传输的特性。在慢变包络近似下，利用数值求解柱坐标对称的非线性薛定谔方程和电子密度的耦合方程；研究了强飞秒环形高斯光束在大气中传输的动力学行为，并分析了环形高斯光束成丝的物理机制；讨论了几何聚焦参数和脉冲参数对环形高斯光丝在大气传播中的影响；探讨了初始脉冲能量对环形高斯光束在大气中成丝动力学的影响。

第 4 章飞秒环形高斯光束在大气中成丝的非线性效应。研究了环形高斯光丝在大气中传输的延迟克尔非线性效应；讨论了在分子转动响应特征时间附近的不同脉宽下，延迟克尔效应对光丝特性的影响；分析了飞秒环形高斯光束在大气中产生的超连续谱，与相同初始条件下的高斯光丝的波谱展宽进行了比较；然后对自相位调制和电离诱导的频率转移在波谱展宽中的作用也进行了分析；另外，还讨论了脉冲能量和空间啁啾对环形高斯光产生光滑超连续谱的影响。

第 5 章强飞秒环形高斯光在大气中成丝传输的透镜聚焦效应。研究了在标准大气压下，不同透镜和不同输入脉冲能量对强飞秒环形高斯光在大气中传输的影响。另外，讨论了固定透镜焦距 f 和空间啁啾系数 C 时，脉冲能量对获得宽而光滑的超连续光谱所起的作用。

第 6 章利用三共线的飞秒脉冲在大气中产生长距离的双色光丝。探索了一种新的产生长距离双色光丝的方法，并对两低强度的 400 nm 环形光的相干叠加补充光丝能量的动力学机制做了详细的分析。

第 7 章强飞秒激光脉冲在连续变化气压的大气中成丝传输特性的研究。探讨了强飞秒激光通过一个 2 m 长的气压连续变化的气室中在透镜不同焦距条件下传输时产生光丝的特性；并通过对光丝的时间动力学行为和超连续波谱的分析，探讨了固定压强和连续变化的压强对光丝特性的不同影响。

第 8 章总结和展望。

本书内容主要建立在著者及所在科研团队近几年的科研成果和承担的科研项目〔国家重点研发计划，2018YFB0504400；山西省面上青年科学基金，201601D021019；山西省“1331 工程”重点创新团队建设计划（1331KIR）〕基础上，是对强飞秒激光在大气中传输的研究成果的分析和总结。在此过程中得到了许多老师、同事和学生的支持和帮助，如（排名不分先后）刘杰研究员、傅立斌研究员、李卫东教授、李秀平教授、刘勋博士、李维博士、于承新博士、舒小芳博士、刘渊博士、李晋红教授，以及硕士研究生兰俊平、李荣、郝婷、刘丽娜等，在此致以衷心的感谢！

本书涉及的基本理论知识，节选自国内外本领域专家、学者公开发表的论文和研究成果，在此向这些原著者表示衷心的感谢。在写作中可能对参考资料在形式和内容上进行了不同程度的修改或取舍，文中尽可能对引用的参考文献加以著录，但很难保证没有遗漏或错误。由于作者学识水平有限，书中难免有许多不妥和疏漏之处，敬请广大读者和专家给予批评指正，谢谢。

著 者

2021 年 12 月

目 录

第1章 绪 论 …… 1

1.1 强飞秒激光在大气中成丝的研究历史及进展 …… 2

1.2 飞秒激光成丝的物理效应 …… 5

1.3 激光成丝传输的非线性特性 …… 13

1.4 激光成丝的基本物理模型 …… 22

1.5 强飞秒激光脉冲成丝的应用简介 …… 25

参考文献 …… 30

第2章 飞秒激光在大气中传输的基本理论和数值研究方法 …… 43

2.1 基本理论 …… 44

2.2 数值方法 …… 53

参考文献 …… 64

第3章 强飞秒环形高斯光在大气中成丝传输的特性 …… 67

3.1 引言 …… 67

3.2 利用飞秒环状高斯光束在大气中产生扩展光丝 …… 71

3.3 几何聚焦参数和激光脉冲参数对环形高斯丝在大气中传输的影响 …… 81

3.4 脉冲能量对飞秒环形高斯光束成丝动力学的影响 …… 88

3.5 本章小结 …… 92

参考文献 …… 93

第4章 飞秒环形高斯光束在大气中成丝的非线性效应 …… 100

4.1 延迟克尔效应对环形高斯丝的影响 …… 100

4.2 飞秒环形高斯光束在大气中产生的超连续波谱 …… 110

参考文献 …… 118

第 5 章　强飞秒环形高斯光在大气中成丝传输的透镜聚焦效应 … 122
5.1　引言 …… 122
5.2　理论模型及方程 …… 123
5.3　结果与讨论 …… 125
5.4　本章小结 …… 132
参考文献 …… 133
第 6 章　利用三共线的飞秒脉冲在大气中产生长距离的双色光丝 … 137
6.1　引言 …… 137
6.2　模型和传播方程 …… 138
6.3　结果与讨论 …… 140
6.4　本章小结 …… 147
参考文献 …… 147
第 7 章　强飞秒激光丝在连续变化气压的大气中的传输 …… 151
7.1　引言 …… 151
7.2　高斯光在连续变化气压大气中传播的理论模型及方程 … 153
7.3　结果讨论与分析 …… 155
7.4　本章小结 …… 164
参考文献 …… 165
第 8 章　总结和展望 …… 169
8.1　空气激光 …… 172
8.2　星载强飞秒激光丝的长程传输 …… 177
参考文献 …… 184

第1章 绪论

激光具有高度的单色性、相干性和良好的方向性，这些优良的特性使激光具有广泛的应用。自从1960年第一台红宝石激光器问世以来，激光技术已经从远红外激光器发展到了X射线激光器。其波长从微米（25~1 000 μm）波段发展到了当今的纳米甚至埃波段（0.01~50 Å）。随着激光技术的飞速发展，使光与物质相互作用的研究进入了一个崭新的时代。

近年来，飞秒激光技术的快速发展更是引起了人们的高度关注。飞秒激光是一种以脉冲形式工作的激光，持续时间非常短，仅为几飞秒到几十飞秒，而脉冲的瞬时功率非常高，最高可达百万亿瓦。这种高功率超快激光在透明介质如空气、水、玻璃中传输时，克尔自聚焦会使飞秒激光束限制在微米量级内。此时，强激光的电场强度远大于原子中的电子所受到的束缚场作用强度。因此，介质分子会被电离而产生等离子体，这些等离子体会对激光光束产生散焦作用。特别是，飞秒激光在大气中传输，当非线性克尔自聚焦效应和等离子体散焦效应两者达到一种动态平衡时，可以使激光在空气中产生一种在时间和空间上都具有特殊属性的等离子体通道[1-8]，该等离子体通道具有丝状结构，其芯径大小仅在100~200 mm范围内[9]，人们就将该等离子体通道形象地称为“光丝”。其峰值电子密度可达到10^{16}~10^{18}/ cm^3[10]，相应的峰值光强可达到

10^{13}~10^{14} W/cm^2[11, 12]。飞秒激光在大气中产生的光丝因其巨大的应用潜力而日趋成为强场物理领域里一个十分活跃的研究课题。

1.1 强飞秒激光在大气中成丝的研究历史及进展

激光成丝现象的研究最早可以追溯到1964年,利用调Q强激光脉冲在固体中传输[13],在实验中观察到,激光束在固体中变为直径为几个微米的细丝,并造成了固体的损伤。随后,Chiao等人[14]提出了一种自陷模型来解释这一实验现象,从而开拓了激光束自聚焦这一全新的领域。1968年,Marburger小组把自聚焦类比为粒子运动,研究了高斯光束的自聚焦现象并得出局部自聚焦临界功率[15]。同时,他们数值模拟了高斯光脉冲的自聚焦现象,并得出自陷临界功率[16]。随后的很长时间,相关方面的研究一直未取得突破性的进展。直到,20世纪80年代中后期,随着啁啾脉冲放大(CPA)技术的实现[17],激光脉冲的宽度进一步压缩到飞秒量级,以及激光的输出功率有了大幅度的提高。目前,在实验室中产生的超短脉冲激光的功率密度可以达到10^{22} W/cm^2。此强度远大于原子核对核外电子的束缚场强(氢原子核对核外电子的束缚电场为5×10^9 V/cm)。强激光脉冲在介质中传播时会使材料的光学性质产生很大的改变,特别是飞秒激光在非线性介质中自聚焦后的光强会引起多光子电离、隧道电离等,但由于脉宽很短,可以避免介质因雪崩电离而被击穿。因此飞秒激光在非线性介质中的传输引起了人们的广泛关注。

我们都知道,超短强激光脉冲是不适合在大气中长距离传播的。例如,在线性传播区域,对于初始脉宽t_p=30 fs、束腰宽度ω_0=5 mm的激光脉冲在大气中传播1 km后,由于光束的衍射和群速度色散的联合效应会使激光峰值强度大约会降低为原来的1/(5×10^3)。但在1995年,密歇根大学Mourou教授课题组首次在实验中观察到了相反的结果[18],他们利用200 fs、50 mJ的飞秒脉冲在空气中传输,激光的峰值强度会增加而不是减少，最终形成了长度为 20 m、直径为 80 μm 的等离子体通道，其强度高达 7×10^{13} W/cm^2，这种类型的传播称为光丝传播或自引导传播。这种新颖的物理现象迅速吸引了众多课题组的研究兴趣，研究人员很快又发现了长度约为 50 m 的激光成丝现象 [19]，并伴有超连续白光的产生，如图 1.1 所示。随后的几年里，人们研究发现飞秒激光脉冲在空气中可以传输几百米到几公里甚至十几公里，远远长于光束的瑞利距离 [20-24]，等离子体通道的寿命从 ns 延长到 μm 量级 [25]。

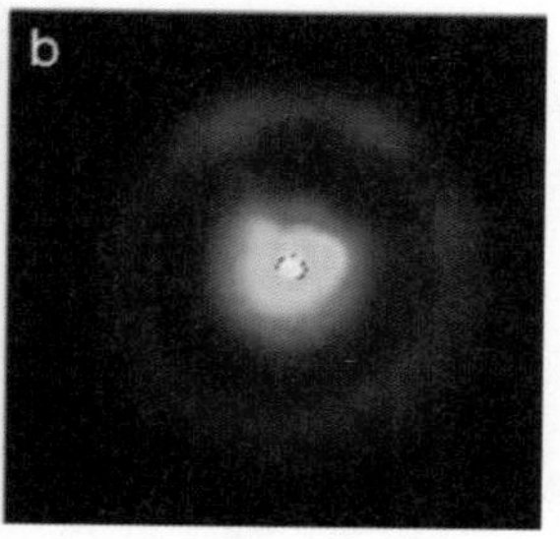

图 1.1 强激光形成 50 m 长度的光丝现象 [19]

（a）800 nm 的红外激光束在实验室（École Polytechnique，Palaiseau）的传播；
（b）光束传播 50 m 后的图像，100 μs 直径的光丝中心出现白光

近年来，人们也采用各种方法来延长光丝。2014 年，Papeer 等人通过一束纳秒激光伴随飞秒激光传输可以明显延长光丝的长度。同年，Scheller 等人 [26] 在实验中，将初始激光分成能量不均衡的两束，其中低能量的激光束为高斯光束通过一个焦距为 2 m 的聚焦透镜后产生光丝，另一束高能量但强度较低的激光束为环形高斯光束。实验证明，通过一个携带高能量的环形高斯光束给轴上传播的高斯光丝不断进行能量补充，最终形成的光丝比原来高斯光丝单独传播时扩展了近 11 倍，如图 1.2 所示。另外，Camino 等人 [27] 利用微透镜阵列产生多丝，光丝的长度随入射功率提高而被延长。2016 年，Englesbe 等人 [28] 采用遗传算法控制可变形反射镜可以产生更长的光丝。国内，最早开展飞秒激光成丝研究的是中国科学院物理研究所张杰课题组 [29-32]。奚婷婷等 [32] 研究了双丝之间的相互作用，发现不同相位差和交叉角的两光丝在相互作用过程中表现出吸引、融合、排斥和螺旋传播等有趣的现象。郝作强等研究了多丝的空间演化，并在实验中观察到细丝的分裂、融合和扩散等复杂的作用过程；随后，他们也研究了非均匀聚焦条件下产生的多丝间

题，通过控制光束不同区域的波前曲率能够达到对光束背景能量的有效利用[33]。

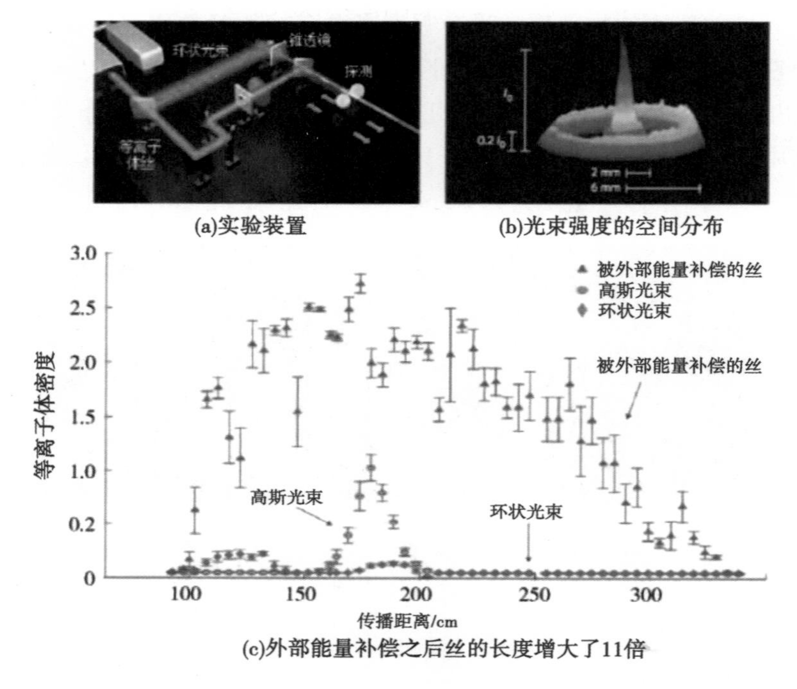

图 1.2　外部补偿能量延长光丝长度的实验[49]

随着激光应用技术的发展，各种非传统形状的光束，如贝塞尔光束、平顶光束、涡旋光束，以及环状光束等相继产生，由于新型光束具有独特的横向强度分布，因此会强烈影响强激光脉冲与物质相互作用的结果，从而为光丝的研究开辟了新前景。Polynkin 等人先后在实验上探究了贝塞尔高斯光束和艾里光束在大气中传输时的光丝特性，研究发现，贝塞尔高斯光束在大气中不仅可以产生稳定的单光丝，而且通过引入啁啾补偿可以有效扩展贝塞尔高斯光丝的纵向长度[34,35]。随后，他们又发现飞秒艾里光束在大气中传输时，会形成弯曲的光丝[36]，该现象的发现对大气的遥感探测具有重要的意义。像拉盖尔－高斯光束、涡旋光束，以及环形高斯光束都属于空心光束（中心光的强度为零）。由于空心光束具有新颖独特的物理性质，可以作为激光导管、光镊和光学扳手，在微观粒子（如微米粒子、纳米粒子、自由电子、生物细胞、原子和分子）的精确、无接触操纵和控制中有着广泛的应用。有关空心光束的产生、传输和应用的研究已经成为光学工程和其他基础科学研究的一个很重要的研究课题[37-39]。

强飞秒激光成丝过程中蕴含着丰富的物理效应，如自相位调制、群速度色散、自陡峭，以及三次谐波的产生等。这不仅对于基础物理的研究有着重要的研究价值，而且在众多实际应用方面也展现出巨大的潜力。例如，利用等离子体通道导电特性，有可能实现激光引导闪电、电能的远程无线传输，以及电磁辐射的定向引导[40-43]；利用成丝过程中产生的超连续白光辐射可以实现远距离遥感、对大气污染进行监测等[44-48]；利用光丝内激光场与等离子体的超快相互作用可以产生宽谱太赫兹（THz）辐射，实现新型辐射源并用于成像探测[49-53]；甚至有学者提出可以利用飞秒激光来增加云层中的水滴或冰晶含量，从而增加降水量[44,54,55]。目前，飞秒激光在大气中传输，无论在理论机制和实验研究，还是在实际应用方面，都得到了迅速的发展，但此领域仍然有许多深层次的物理问题需要我们去不断探索。

近年来，我们围绕实际应用所需要的激光在大气中长距离传输这一关键问题，通过改变激光脉冲的形状（利用环形光作为激光光源），利用能量补充方法，以及采用多脉冲相干增强激光强度的方法，来产生长距离的光丝；为了更好地调控光丝的特性，研究了几何聚焦参数和激光脉冲参数对光丝在大气中传输的影响、不同透镜对光丝的调制效应，以及大气压强和密度对光丝传输特性的影响等。这些研究也许可为激光雷达、大气污染物探测等领域的实际应用提供一种新的有效的途径。

1.2 飞秒激光成丝的物理效应

飞秒激光在大气中传输的过程中大致会产生两种效应，一种是线性效应，另一种是非线性效应。这些效应在飞秒光丝形成的过程中都起着关键的作用，下面我们将详细介绍这两种效应。

1.2.1 衍射

光作为一种电磁波，在任何介质（甚至真空）中传输，都会发生衍射，而且光束的初始尺寸越小发散得越快。当初始分布是一个高斯分布且相位面是平面的激光束在介质中传输，由于衍射，该激光束在传输一个特征长度后，其光束宽度会增大为原来的 $\sqrt{2}$ 倍[36]。这个特征长度被称为瑞利距离，其形式为 $L_{DF}=k\omega_0^2/2=\pi n_0\omega_0^2/\lambda$，其中 ω_0 是光束宽度，λ_0 是激光在真空中的波长，n_0 是介质的折射率，激光的波数 $k=2\pi n_0/\lambda_0$。尽管衍射使脉冲的能量传播到一个较大的横向区域，从而使激光脉冲的峰值强度降低，但它不会改变脉冲的形状。

1.2.2 群速度色散

气体、液体与透明固体均为色散介质。在正常色散区域，脉冲的低频（红频光）光谱比高频（蓝频光）光谱跑得快。当飞秒激光在空气中传输时，红光就会堆积在脉冲的前沿，而蓝光堆积在脉冲的后沿。反之，在反常色散区域，脉冲的高频（蓝频光）光谱比低频（红频光）光谱跑得快。这两种情况都会使脉宽增大，从而导致峰值强度的下降。这种效应称为群速度色散。其色散长度表示为

$$L_{GVD}=\tau_{02}\,|\,\beta_2\,| \tag{1.1}$$

其中，τ_0 为激光强度在 $1/e$ 处的脉冲半宽度，β_2 为群速度色散系数，由传播常数在激光中心圆频率附近的泰勒级数展开可得：

$$k(\omega)=\frac{n(\omega)\omega}{c}\approx k_0+\beta_1(\omega-\omega_0)+\frac{1}{2!}\beta_2(\omega-\omega_0)^2+\frac{1}{3!}\beta_3(\omega-\omega_0)^3+\cdots \tag{1.2}$$

其中，$k_0=\dfrac{n_0\omega_0}{c}$，$\beta_m=\dfrac{\partial^m k}{\partial\omega^m}(m=0,1,2,\cdots)$，参数 β_1 和 β_2 与折射率 $n(\omega)$ 有关，它们之间的微分关系可以表示为：

$$\beta_1=\frac{1}{v_g}=\frac{n_g}{c}=\frac{1}{c}(n+\omega\frac{\mathrm{d}n}{\mathrm{d}\omega}) \tag{1.3}$$

$$\beta_2=\frac{\partial^2 k}{\partial\omega^2}\Big|_{\omega_0}=\frac{1}{c}(2\frac{\mathrm{d}n}{\mathrm{d}\omega}+\omega\frac{\mathrm{d}^2 n}{\mathrm{d}\omega^2}) \tag{1.4}$$

其中，n_g 是群折射率，v_g 是群速度，群速度参数 $\beta_1 = n_g / c$。从物理上讲，光脉冲为 30 fs，波长为 800 nm 的光脉冲，空气中的群速度色散系数 $\beta_2 = 0.2\ \mathrm{fs}^2/\mathrm{cm}$，则此脉冲在空气中的色散长度约为 4.5 m。

1.2.3 克尔自聚焦效应

大气中的原子、分子在强激光场的作用下将发生非线性极化。此时，空气的折射率不再只是激光频率的函数，而是与激光强度的时空分布有关的一个函数，其表达式为[57]：

$$n = n_0 + n_2 I(r,t) \tag{1.5}$$

其中，n_0 是线性折射率，n_2 是与三阶非线性极化率张量有关的非线性折射率系数，$I(r,t)$ 为激光强度，$n_2 I(r,t)$ 表示光强引起的折射率变化。对于空气来说，$n_2>0$，非线性折射率与激光的光强成正比，这就是克尔效应。如果激光强度呈高斯分布，中心光强大，边缘光强小。由式（1.5）可得知，介质的折射率也呈高斯分布，即中心折射率要大于边缘的折射率，从而光束中心部分传输的速度要低于边缘部分。因此当光束在介质中传输时，光束原来的平面波波前，将逐渐变为一会聚的波前，如图 1.3 所示，这样空气就成了类似正透镜的介质，对光束产生聚焦作用，这就是克尔效应引起的光束自聚焦。

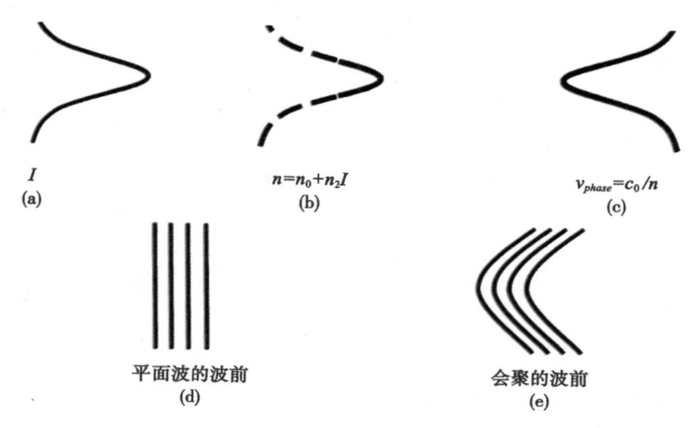

图 1.3 克尔效应引起的光束自聚焦[58]

（a）高斯分布的初始光强；（b）光强引起的介质折射率分布；（c）介质折射率分布引起的光束相位速度分布；（d）初始平面波的波前；（e）在克尔效应作用下形成会聚的波前

激光脉冲在传输过程中会发生线性衍射，所以只有激光功率达到一定的阈值时，自聚焦效应才可以克服光束本身的衍射而使得整个光束聚焦，这一阈值被称为自聚焦阈值功率。为估算自聚焦阈值功率，R. W.Boyd 构建了简单的模型来预测自聚焦阈值功率[57]，假定激光光束为平顶强度分布，如图 1.4（a）所示，在光束通过的区域，由光克尔效应引起的介质折射率增加量为 δ_n（称为非线性折射率），而在区域外部，折射率为 n_0，这样就形成了一个等价的折射率跃变波导结构，如图 1.4（b）所示。光束发生自聚焦的情况被等效地看作是在介质中发生了全内反射。由光的折射定律可得

$$\cos\theta_0 = \frac{n_0}{n_0 + \delta_n} \tag{1.6}$$

其中，θ_0 为发生全内反射的临界角，对于非线性介质来说，$\delta_n \ll n_0$，所以 $\theta_0 \ll 1$，则式（1.6）可近似写为

$$1 - \frac{1}{2}\theta_0 = 1 - \frac{\delta_n}{n_0} \tag{1.7}$$

由式（1.7）可得到与非线性折射率相关的临界角为

$$\theta_0 = \left(\frac{2\delta_n}{n_0}\right)^{1/2} \tag{1.8}$$

而直径为 d 的光束的衍射角 θ_d 可表示为[58]

$$\theta_d = \frac{0.61\lambda_0}{n_0 d} \tag{1.9}$$

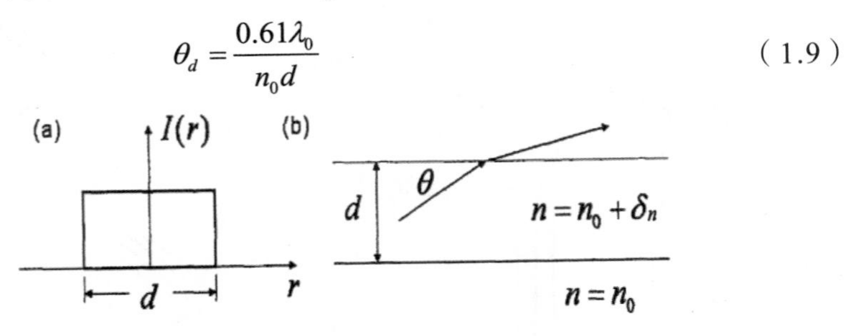

图 1.4 预测自聚焦阈值功率模型图[57]

（a）光束强度的径向分布；（b）光束以 θ 入射至厚度为 d 的介质，其介质的折射率高于周围区域的折射率

其中，λ_0 为真空中光波长。当光束自陷发生时，要求入射到介质中的所有光束都满足全内反射，即 $\theta_d = \theta_0$。由公式（1.8）和公式（1.9）可得

$$d = \frac{0.61\lambda_0}{\sqrt{2n_0\delta_n}} \tag{1.10}$$

令 $\delta_n = n_2 I$，则直径为 d 的光束的自聚焦阈值功率可写为

$$P_{cr} = \frac{\pi}{4}d^2 I = \frac{\pi(0.61)^2\lambda_0^2}{8n_0 n_2} \tag{1.11}$$

另外，Marburger[59] 利用三阶非线性介质的电磁波方程得到自聚焦阈值功率更为精确的表达式

$$P_{cr} = \frac{3.72\lambda_0^2}{8\pi n_0 n_2} \tag{1.12}$$

由此公式计算得到的自聚焦阈值功率与公式（1.11）基本一致。利用此公式可计算得到气体中的自聚焦阈值功率大约在GW量级，而固体或透明介质中约在MW量级。例如，中心波长为800 nm的飞秒激光脉冲在空气（$n_2 = 2\times10^{-19}$ cm²/W）中传输时，自聚焦阈值功率约为5 GW。由公式（1.12）可看出，自聚焦阈值功率的大小只与波长、介质的折射率，以及非线性折射率有关，与初始脉冲光强度无关。

1.2.4 自相位调制

非线性折射率是与强度相关的，而激光脉冲的强度不仅是空间的函数，同时也是时间的函数。此时光脉冲在非线性介质中传输，引起的相位的变化为

$$\Delta\phi(t) = \int_0^z \frac{\omega_0}{c_0} n_2 I(r,t)\mathrm{d}z = \frac{\omega_0}{c_0} n_2 I(r,t) z \tag{1.13}$$

这就是所谓的自相位调制（self-phase modulation）。式中，ω_0 为入射激光脉冲的中心频率，z 为光脉冲在介质中的传输距离。根据傅里叶变换原理，光脉冲的瞬时频率为相位对时间的导数，即写为

$$\omega(t) = -\frac{\partial\phi}{\partial t} = \omega_0 - \frac{\omega_0}{c_0} n_2 \frac{\partial I(r,t)}{\partial t} z \tag{1.14}$$

则频率变化表示为

$$\delta\omega(t) = -\frac{\omega_0}{c_0} n_2 \frac{\partial I(r,t)}{\partial t} z \tag{1.15}$$

其中，$\delta\omega$ 的时间相关性被称为频率啁啾(frequency chirping)。由(1.15)式可知，自相位调制感应的频率啁啾随传输距离的增大而增大，即激光脉冲在介质中传输时，新的频率分量在不断产生。由公式(1.15)与图 1.5 分析可得，在自相位调制过程中，对于 $n_2>0$ 的情况，脉冲的上升沿将产生新的低频成分，而脉冲的下降沿将产生新的高频成分。自相位调制导致激光脉冲光谱发生了展宽，为少数周期脉冲的产生提供了可能性。

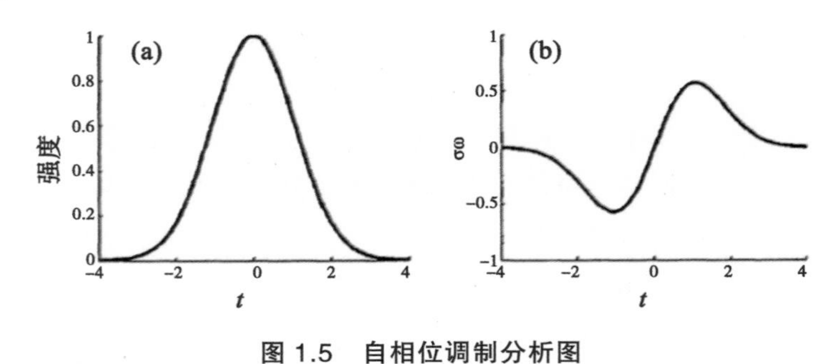

图 1.5　自相位调制分析图

(a)高斯脉冲强度分布；(b) $n_2>0$ 时，光脉冲在介质中传输时频率的变化曲线

1.2.5 自陡峭

激光脉冲自陡峭的发生源于群速度对光强的依赖关系。由于激光脉冲在介质中非线性传输时，非线性折射率的变化为 n_2I，对于 $n_2>0$ 的介质来说，非线性折射率随强度增加而变大，相应的光脉冲传输速度将随强度的增加而减小。对于高斯型脉冲来说，随着光脉冲在介质中的传输，峰值处的速度逐渐减小而尾部速度逐渐增大，致使尾部逐渐追赶上峰值，因而导致光脉冲尾部变得陡峭，如图 1.6 所示。自陡峭效应[11,14,56]导致光脉冲尾部的自聚焦将先于脉冲上升沿的自聚焦，这会使较陡的脉冲后沿有更大的蓝移量[60]，同时自陡峭效应会导致光脉冲频谱的不对称[61,62]。

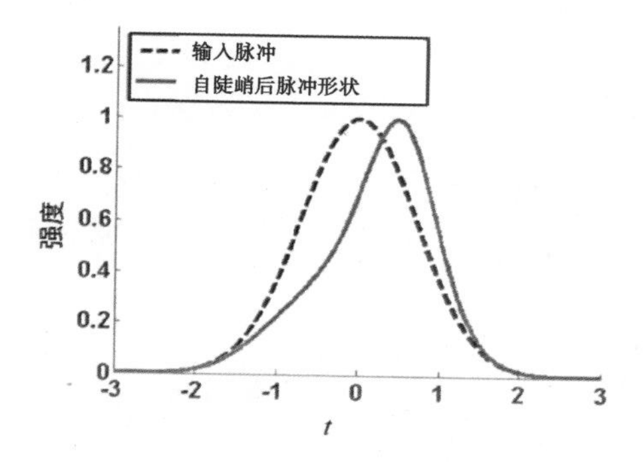

图 1.6 高斯脉冲的自陡峭效应

1.2.6 拉曼效应

空气中的光克尔效应主要来源于两部分，即瞬时克尔效应和延迟克尔效应。瞬时克尔效应是由介质的纯电子响应导致的，时间在 1 fs 以下。但在脉宽较长时，许多介质具有延迟的三阶响应，称为拉曼效应。这是由分子转动引起的缓慢响应，进而导致介质的折射率变化。

$$\Delta n \propto \frac{1}{\tau_k}\int_{-\infty}^{t}\exp\left[\left(t-\tau\right)/\tau_k\right]\left|E(\tau)\right|^2 \mathrm{d}\tau$$

其中，τ_k 就是拉曼响应的特征时间，$\tau_k = 70$ fs [63]。根据实验的结果，通常在计算时，瞬时克尔效应和拉曼效应各占 1/2[64–66]。另外，即使输入脉冲的形状是对称的，延迟克尔效应也会使其在自相位调制作用下变得不对称，进而导致波谱的红移。

1.2.7 等离子体散焦

强飞秒激光脉冲在光学介质中传输时，当峰值功率大于自聚焦阈值功率时会发生自聚焦，这会导致激光脉冲的光强度越来越大，当达到空气的电离阈值以后，就会电离空气产生自由电子，形成低密度等离子体。对于气体介质来说，等离子体的产生主要是由于气体分子的隧道电离或多光子电离。克尔自聚焦效应对折射率的贡献为正值，相反，等离子体产生对空气折射率贡献则为负值，由等离子体散焦引起的折射率的变化为：

$$\Delta n = -\omega_{pe} / 2\omega_0^2$$

其中，$\omega_{pe} = \left(q_e^2 n_e / m_e \varepsilon_0\right)^{1/2}$ 是等离子体的频率 [67]。等离子体产生后导致折射率减小，所以等离子体的产生对于激光来说是一个负透镜的作用，会使激光发生散焦，见图 1.7。

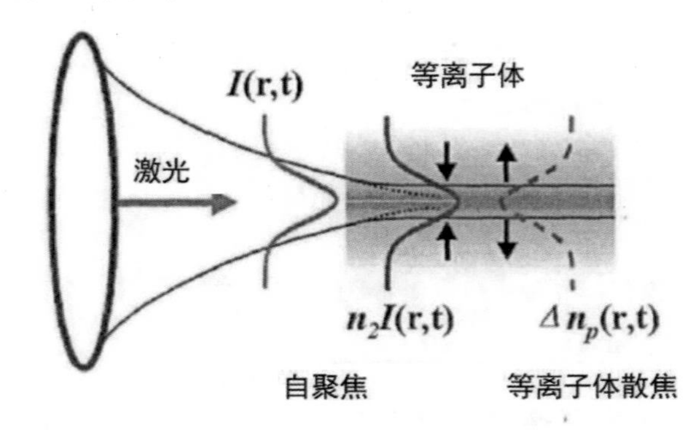

图 1.7　激光成丝过程中自聚焦与等离子体散焦示意图

1.2.8 多光子电离

当强激光脉冲在空气中传输时，激光光束的克尔自聚焦效应使得激光光强超过电离阈值并电离空气从而产生等离子体。光丝的强度一般在 10^{13}~10^{14} W/cm^2，但此时脉冲的电场强度不足以改变库仑势垒，因此电子主要通过多光子电离机制产生，即束缚电子吸收若干个光子跳出势垒形成等离子体。多光子电离产生的电子密度随时间的变化为 [68]：

$$\frac{\partial n_e}{\partial t} = \sigma^{(K)} I^K (1 - \frac{n_e}{n_{at}}) \tag{1.16}$$

式中，n_e 为电子密度；n_{at} 表示中性分子的密度；$\sigma^{(K)}$ 为电离系数；K 表示电离产生一个电子需要吸收的光子数。激光在大气中传播时，激光光束的克尔自聚焦效应和等离子体散焦效应同时存在，当这两种效应达到一个动态平衡时，激光脉冲就可以在空气中形成很长的等离子体通道。

1.3 激光成丝传输的非线性特性

超强飞秒激光脉冲在空气中传输时，各种非线性效应十分显著，从而出现了很多前所未有的现象，如光丝强度被钳制、激光的大部分能量分布在低强度的能量背景中、长距离传输、多光丝的产生、锥角辐射、超连续光谱的产生、三次谐波的产生、THz 辐射等，都包含了丰富的物质信息和物理思想。这一部分将对这些有趣的现象及其物理机制进行简要介绍。

1.3.1 光丝强度的钳制

强飞秒激光在大气中传输，克尔效应引起的自聚焦和等离子体散焦之间的动态平衡是形成光丝的主要物理机制。当激光自聚焦后的强度达到空气电离阈值以后，就会发生多光子电离，产生大量低密度的等离子体，这又对光丝强度的增加起到了抑制作用。如果在这个过程中有高阶克尔效应存在，它对折射率贡献也为负值，对激光产生散焦作用，从而抑制了光丝强度的进一步增大，使激光强度被钳制在某一值，这一强度就称为钳制强度(clamped intensity)。

Kasparian[60] 和 Becker[61] 等人对光丝的钳制强度进行了估算。根据自引导传输理论，当克尔自聚焦和电子散焦达到平衡时有$n_2 I = \rho / 2\rho_c$。在空气中，等离子体密度$\rho \sim \sigma_K I^K \rho_{at} \tau_p$，其中$\rho_{at}$为中性原子密度，因此可以得到：

$$I \sim \left(\frac{2n_2 \rho_c}{\sigma_K \rho_{at} \tau_p} \right)^{K-1}$$

当入射激光脉冲的波长 $\lambda_0 = 800\ \mathrm{nm}$，脉宽 $\tau_p = 100\ \mathrm{fs}$ 时，光丝的钳制强度 $I \approx 1.8 \times 10^{13}\ \mathrm{W/cm^2}$。大量的理论研究证明，飞秒激光所成光丝的强度被限制在 10^{13}~$10^{14}\ \mathrm{W/cm^2}$ 这个范围内。

1.3.2 能量库

虽然光丝能够很好地将激光脉冲的能量以较小损耗形式传输到远端，但是光丝直径仅在 100 μm 左右，相对于整个光斑尺寸来说非常小，因此光丝所包含的能量大约只占总能量的百分之十，所以仅仅靠光丝内所包含的能量支持细丝的远距离传输是远远不够的，细丝会由于多光子电离所损耗的能量而很快结束。但由于大部分能量分布在光丝周围强度很低的背景中，被称为能量背景（或能量库），此“能库”在光丝的形成及其传输过程中扮演了极其重要的角色。

在理论上，Mlejnek 等人 [66] 提出的动态空间补偿模型表明，能量背景中的能量会补偿由于等离子体散焦而损耗的能量。Kandidov 等人 [67] 发现在细丝中心和其周围的能量背景之间存在着动态的能量交换。在实验上，Bergé 等人 [69] 观测到了激光光束横截面上分布的很多亮点之间有一些低强度的“桥”相连。Dubietis 等人 [70] 证实了在水中的细丝的存在是由于从细丝周围的能量不断地流入了细丝中。此外，人们还在融熔石英 [71]、酒精 [72] 和玻璃 [73] 中观测到了多次自聚焦过程，这些过程也是由于在激光光束的横向能量流动造成的。2003 年，法国 Courvoisier 等人研究了 150 μm 光丝与直径为 95 μm 的小液滴的碰撞 [62]。虽然光丝的大部分能量被小液滴挡住，但在实验中观察到，光丝几乎不受影响的继续传输。这也证明能量库可以不断地为光丝补充能量，以保证光丝的稳定传输。文献 [63]，利用 7 mJ、140 fs 的激光束在 5 m 透镜聚焦下产生了约 3 m 长的光丝，如图 1.8 所示。在不同传播位置处引入直径 100 μm 的小液滴阻挡其光束中心的能量，结果发现，光丝的传输距离相差不大，这说明周围背景的能量对光丝传输的影响是非常大的。最近，Liu 等人 [64] 研究了经过 5 m 聚焦透镜形成光丝，能量背景起着重要的作用。细丝周围背景的能量被细丝自己打穿的小孔挡住，而小孔的尺寸为 280 μm× 1 040 μm，要比细丝的尺度大很多。在他们的另外一个实验中 [64]，使用了几种不同直径的小孔限制一个不到

50 cm 的细丝的能量背景时，发现小孔的直径至少要 1 mm，细丝的传输才几乎不受影响，也就是说，对于米量级的细丝，有效的能量背景会延伸到细丝周围毫米的范围。

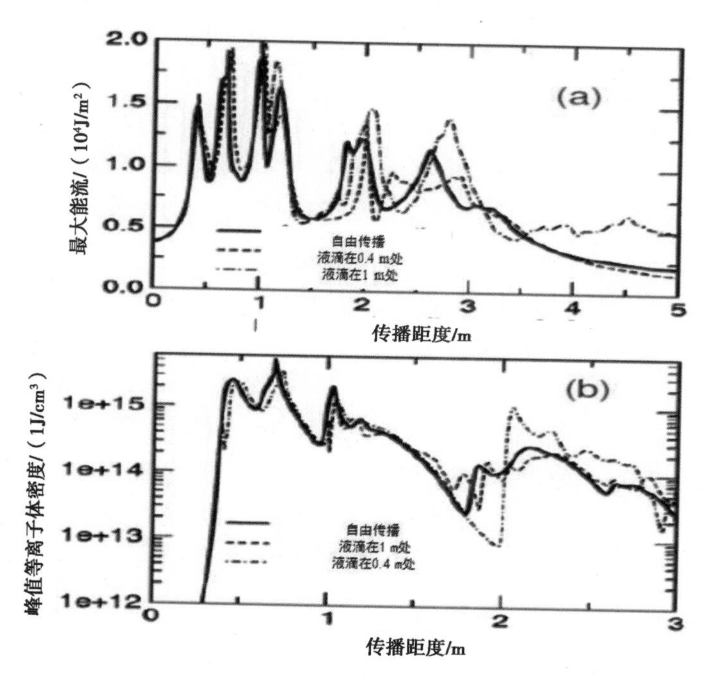

图 1.8 光束在 5 m 透镜聚焦下产生的光丝[63]

(a)最大能流随传播距离 z 的演化；(b)峰值等离子体密度随传播距离 z 的演化其中输入能量 7 mJ，脉宽 140 fs

1.3.3 飞秒激光丝的长距离传输

考虑到激光诱导闪电、遥感探测等实际应用的需要，人们希望得到激光光丝能传输更长的距离，而不只限于实验室范围内。目前，飞秒激光在大气中的长距离传输的研究越来越多[22-25]。一般来说，激光的输入能量越大，光丝的长度越长。但由于光丝形成之后，等离子体之间会发生碰撞、电子复合等，这使得电子密度会迅速衰减，光丝的寿命也会缩短，通常只有几个 ns 到几十个 ns，进而限制了光丝长度的扩展。另外，初始激光功率过高，会产生多个光丝[74]，降低激光传输的稳定性。为了获得长距离传输的光丝，人们进行了大量的探索。通常采用调节激光脉冲参数、改变初始激光的发散角、输入多个（双）脉冲、改变光的偏振特性或外加高压电场等方法[75-84]，来扩展光丝的长度，控制光丝的特性。另外，引入负啁啾，增加激光脉宽是一种有效延长传输距离的方法。因为在脉冲输入能量不变的条件下，激光光强减小会大大降低激光聚焦引起的电离耗散。而且，激光在大气中传输时的群速度色散效应会使得脉冲产生正啁啾，初始引入负啁啾就可以补偿群速度色散效应。因此这种方法可以使成丝起点位置延后，光丝的长度会增加很多，甚至可达到公里量级。

近几年，人们研究发现，800 nm 的飞秒激光在空气中不经任何透镜聚焦，而是自由传输形成的数百米的等离子体细丝与利用凸透镜聚焦产生的光丝有很大的不同[22,58]。利用长焦距的透镜在焦点附近形成的等离子体细丝，直径大约在 100 ~200 μm 的量级，细丝的光强保持在 10^{13} ~10^{14} W/cm^2，长度从几米到几十米左右。而自由传输形成的光丝，直径是毫米量级，光丝的光强也要弱两个数量级左右，相应的等离子体的密度也很低。目前，还没有很好的办法对细丝内的电子密度进行较为精确的测量。

1.3.4 多光丝的产生及其竞争

当激光的峰值功率远远大于自聚焦阈值功率时，通常在空间上出现许多小尺度的光丝，称为多丝现象。多丝现象的出现一般是因为激光器输出光强的空间分布不均匀、大气湍流的影响[85]，或者是由空气中密度分布的不均匀导致非线性折射率在空间分布的不均匀，这将影响激光脉冲的波前相位[86]。因此，出现多个光强极大值，这也称之为“热点”。假设每一个“热点”都是一个独立的脉冲，在传输过程中，中心会有同心环的出现[87,88]。当两个相邻的“热点”自聚焦到距离较近的时候，这两组圆环会发生干涉，形成“星星”状的图样，如图 1.9 所示[88]。当两个相近的光丝干涉时，场的重新分布将会是比较复杂的结果，同时会伴随着一些新“热点”的产生，这些新的“热点”也会经历自聚焦的过程。如果功率超过了自聚焦阈值功率，就可能在这些热点位置形成新的子丝[88]。然而，如果“热点”距离较远时，特别是远大于背景能量池的距离时，它们之间不会发生干涉相互作用，此时，每一个"热点"几乎都会按照自己的方式进行独立传输。这将导致一些"热点"不能从背景能量库吸收足够的能量，因此，光强不能达到钳制强度[89]。

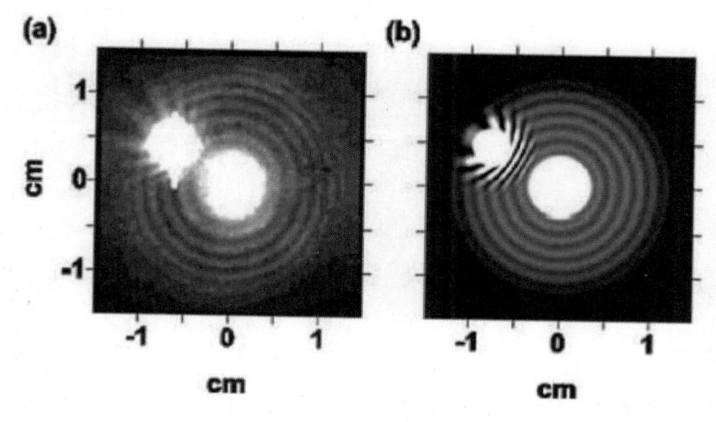

图 1.9 双光丝干涉[88]

（a）在实验中测得的两个光丝干涉的横截面强度分布图；（b）理论模拟双光丝干涉图

关于多光丝产生的原因，早在1966年，Bespalov和Talanov就提出了调制不稳性理论来解释[90]。根据这个理论，初始激光光斑上的噪声被非线性效应迅速放大，强度增加而发展成为光丝。1999年，Mlejnek等人提出了湍流波导模型[66]，数值模拟了激光在不同传输位置处上形成的多光丝模式，认为多光丝是随机分布的。2004年，Bergé等人通过实验和理论结合，发现了高功率飞秒激光的在传输时，一些稳定的成丝区域会出现一些随机形成的小尺度光丝[68,91]，如图1.10所示，他们认为这是由激光初始光斑的不均匀分布导致的。A. Dubietis等人在实验上通过改变初始光强分布的椭圆率，来得到多光丝模式[92]。G. Fibich等人通过旋转聚焦透镜的方法改变了多光丝模式[93]。G. Mechain等人通过对初始激光脉冲引入相差或者加入光阑来控制多光丝模式[94]。人们还对多光丝之间的竞争、分裂、融合等现象做了大量的研究[95-98]。目前，在飞秒激光成丝传输这一领域里，对多光丝模式的研究仍然是的一项热点和难点。

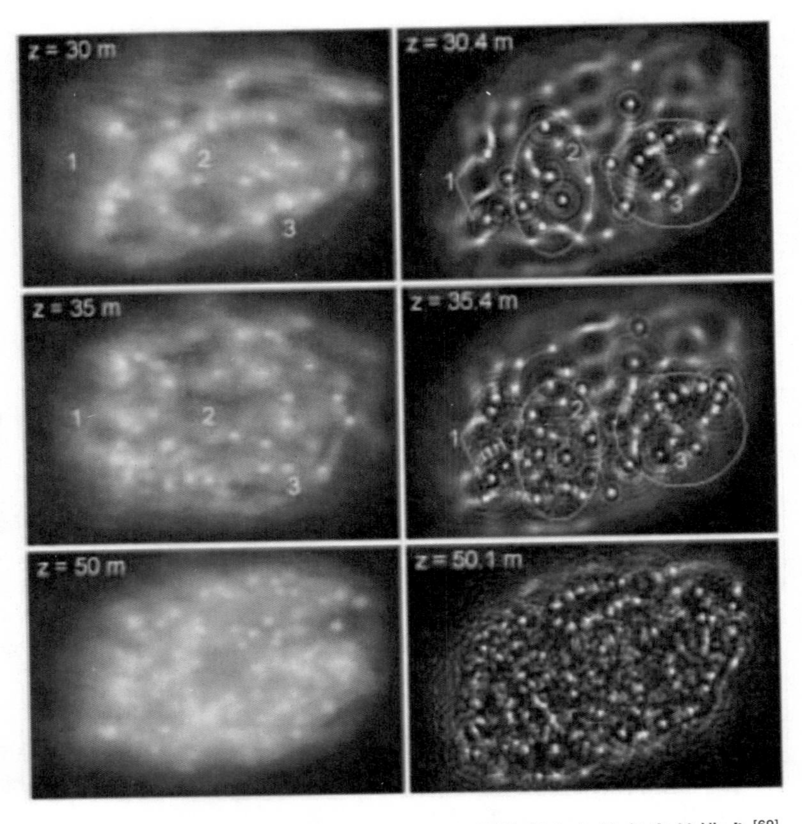

图 1.10　输入功率为 $700P_{cr}$ 的飞秒激光传输所产生的多光丝模式[69]

左侧为实验数据，右侧为理论模拟结果

1.3.5 超连续谱的产生（白光激光）

我们知道，飞秒激光脉冲在空气中传播的过程中会产生各种非线性效应，如克尔自聚焦、拉曼效应、等离子体散焦效应等，这些效应都会导致介质折射率的变化，进而对激光场的相位进行调制。因此，激光光束在空气中传输一段距离后，光谱得到明显的展宽。由自相位调制和空气电离引起的时间域上的相位为[65]：

$$\Delta\phi = \frac{\omega_0}{c_0} z \left[n_2 I(r,t) - \frac{\rho(r,t)}{2\rho_c} \right] \tag{1.17}$$

引起的频率变化为：

$$\Delta\omega=-\frac{\partial\phi}{\partial t}=-\frac{\omega_0}{c_0}z\left[n_2\frac{\partial I(r,t)}{\partial t}-\frac{1}{2\rho_c}\frac{\partial\rho(r,t)}{\partial t}\right] \tag{1.18}$$

首先，分析自相位调制对光谱展宽的影响。对于脉冲前沿，光强随时间的增加而变大，$\partial I(r,t)/\partial t>0$，则引起的脉冲频率变化，$\Delta\omega<0$，导致光谱向长波方向展宽。对于脉冲后沿，$\partial I(r,t)/\partial t<0$，引起的脉冲频率变化，$\Delta\omega>0$，则光谱向短波方向展宽。其次，分析空气电离对光谱展宽的影响。由于脉宽很短，这里不考虑离子与电子的复合，电子与中性分子的吸附等因素。空气电离产生的电子密度是逐渐增大而后趋于饱和。在这个过程中 $\partial\rho(r,t)/\partial t>0$，由此产生的脉冲频率变化为 $\Delta\omega>0$，因此，光谱主要向短波方向展宽。

影响光谱展宽的另外一个因素是自陡峭效应。克尔效应引起的折射率变化，$\Delta n=n_2I$，脉冲后沿的强度较低，其相速度要大于强度较高的脉冲中心的相速度。这使得脉冲后沿会追赶脉冲中心，导致脉冲后沿更为陡峭，从而导致光谱向短波方向的展宽得更多一些。

早在 1970 年，人们已经在固体、液体和气体中发现了这种超连续现象。很多实验研究也都证实了超连续光谱的产生。图 1.11 给出了加入时间啁啾后产生的白光激光图样 [99]，可以看到中心位置是白色光点，外部为彩虹环，红色的环（长波长）靠近中心，蓝色的环（短波长）出现在外围。图 1.11（b）是 Akǒzbek 等人考虑了自陡峭的影响后，理论模拟得到的超连续光谱 [14]。

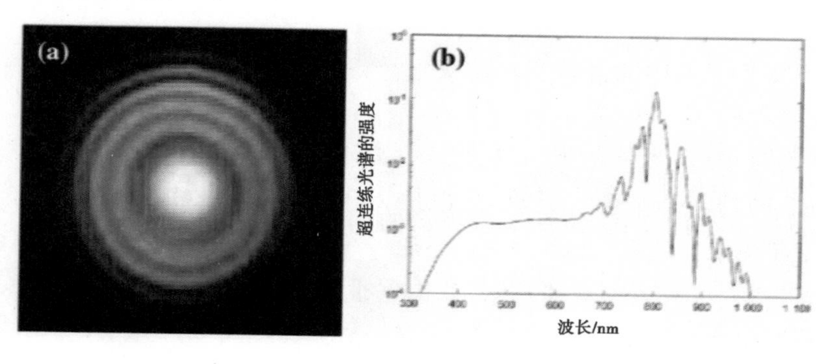

图 1.11 超连续辐射 [14]

（a）白光激光图样 [99]；（b）理论模拟空气中产生的超连续光谱

1.3.6 三次谐波辐射

近几年，在激光与气体发生相互作用过程中，产生高次谐波的研究引起了人们的广泛关注。并认为这是获得高强度、相干的紫外和 X 射线源的一个可行的途径。而飞秒激光在大气中传输产生光丝过程中，会辐射三次谐波。由于光丝光强达到了 10^{14} W/cm^2，因此三次谐波辐射也比较强。同时，光丝传输过程中，伴随产生的长等离子体通道有效提高了相互作用长度，从而提高三次谐波的转化效率。

1996 年，Backus 等人成功地将 800 nm、脉宽 22 fs、能量 1 mJ 的脉冲聚焦到空气中获得 16 fs、能量 1 μJ 的三次谐波，转化效率达到 0.1%[100]。2003 年，杨辉等人[101]发现，在固定的激光强度下，存在一个最佳聚焦距离，使三次谐波的转换效率最大，当激光能量在 28 mJ 时，使用 60 cm 的透镜进行聚焦，对应的三次谐波的转换效率达到最大，超过了 0.12%。2002 年，Ak ǒ zbek 等人[74]发现，主激光和三次谐波同时成丝，出现双色光丝现象。而且，三次谐波的转化效率保持在 0.1% 左右。并用“相位锁定机制”解释了双光丝现象，即将主激光与三次谐波的振幅和相位通过交叉相位调制锁定在一起，而且两激光场的相位差始终为 π。此外，Bergé 等人[102]通过数值模拟，发现三次谐波的产生不仅有利于主激光光丝的稳定传输，而且有利于主激光光谱的展宽，光谱范围已经从紫外（220 nm）延伸到中红外（4.5 μm）。

1.3.7 光丝中的高阶克尔效应

我们知道，光丝的形成主要是由克尔自聚焦效应与等离子体散焦效应之间的动态平衡引起的，这也是 2009 年之前人们普遍接受的光丝形成的模型。后来，Loriot 等[103]首次在实验上测出 O_2、N_2 和 Ar 的高阶非线性折射率。人们也在数值模拟中考虑了高阶克尔效应，结果发现等离子体散焦很弱[104]。Petrarca 等在数值模拟计算中，当考虑高阶克尔效应后，得到光丝的钳制强度和等离子体密度值与实验结果更加接近。之后，关于高阶克尔效应的研究大多集中在高阶克尔效应导致的散焦与等离子体散焦的比较[127-129]。因此得出了强飞秒激光丝主要是由克尔自聚焦效应和高阶克尔效应引起的散焦效应之间的动态平衡导致的,这也意味着无电离就可以形成光丝[108,109]。这一新颖的现象一出现便引起了人们的广泛关注和激烈的争论[110]。因为强激光在介质传输时的高阶非线性效应总是远低于低阶非线性效应。如果高阶克尔效应起主要作用,再采用微扰理论去求解波动方程,结果会无法收敛。因此无电离成丝的观点曾引起了争议,其中的物理机制仍需进一步研究。

1.3.8 THz 辐射

太赫兹辐射是由强飞秒激光在大气中传输的非线性效应引起的物理现象之一。THz 辐射通常指的是波长在 4.5 μm ~ 3 mm 的电磁波,频率位于微波和红外之间。太赫兹脉冲可以穿透很多物质,如木制品、陶制品、塑料品等,同时可以穿过人体生物组织且不会造成伤害。它不仅可以作为探测多种物质的激光光源,在医学和其他领域也有着重要的作用。除此之外,与传统光源相比,太赫兹脉冲也有很多独特的优势[111,112],如宽频带覆盖范围较广、脉宽皮秒量级、相干性较好、光子能量低等,在军事、医学等多个领域都有着非常大的应用前景。

1993 年, Hamster 等人首次在强飞秒激光与介质相互作用中,观察到太赫兹辐射。利用 100 fs、TW 量级的激光脉冲聚焦作用到气体和固定上均可以观察到此现象。2003 年, Zhong 等人用激光脉冲作用于空气中,产生等离子体也观察到很强的太赫兹辐射,并且辐射被限制在很小的角度内,方向性高。相关研究表明:不仅在垂直于激光传播方向可以观察到太赫兹辐射,在成丝中心前也能观察到太赫兹辐射,如图 1.12 所示。这对于太赫兹辐射应用于光谱和成像有很好的指导意义。

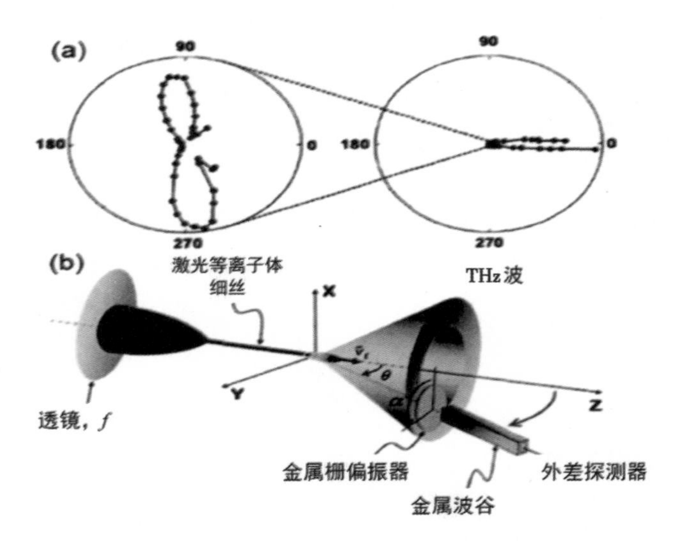

图 1.12　激光脉冲在空气中产生的太赫兹辐射[113]

（a）成丝过程中产生的前向（左）和径向（右）太赫兹辐射；（b）测定太赫兹辐射的实验装置

对于飞秒激光脉冲在空气中传输时产生的 THz 辐射，经过二十多年的研究，人们先后提出利用有质动力、四波混频模型、光电流模型、洛伦兹力、尾场线性模式转换、瞬时切伦科夫辐射等理论解释 THz 辐射的产生机制。调控 THz 波振幅、偏振等特性的技术也相继发展了多种[114]。目前，THz 辐射产生效率仍然较低，从而限制了 THz 波的广泛应用。

1.4　激光成丝的基本物理模型

空气中飞秒脉冲传输的非线性物理过程一直是人们研究的兴趣所在，为了更好地解释成丝的形成，Chiao 等人[15] 建立了基于连续波理论的自陷（selftrapping）模型。他们认为，光学克尔效应引起的自聚焦会使激光光束产生特有的电解质波导，并实现光束截面无变化传输，换而言之，激光产生了自陷。飞秒激光成丝很可能是由高强度自陷的光束诱导产生的。随后，围绕自陷模型出现了许多数值模拟计算，然而基于此模型模拟出的结果并不稳定，自聚焦和自然衍射之间的平衡问题亟待解决。Marburger 和 Wagne 发现自从脉冲激光广泛用于实验研究之后，早期模拟计算中对激光功率与时间无关的假设是无效的[115]。他们指出由于激光功率是一个变量，所以自聚焦的焦点范围会产生移动，这就引出了移动焦点模型（moving focus model）的理论[116,117]。根据移动焦点模型理论，激光脉冲自聚焦产生的移动焦点会形成条纹光线，这一理论为光丝的形成给出了一个很好的解释。近年来，围绕着激光成丝物理过程人们普遍接受的物理模型主要有三种，即自引导模型（self-wave guiding model）、运动焦点模型（moving focus model）和空间动态补偿模型（dynamical spatial replenishment model）。

1.4.1 自引导模型

自引导模型在 1995 年由 A. Braun 等人提出[19]，该模型认为，飞秒激光在大气中传输，由于克尔效应而自聚焦，光强增大，当达到空气电离阈值以后，电离空气产生等离子体。等离子体的产生会对激光产生散焦的作用，当自聚焦和散焦之间达到动态平衡的时候，激光就会形成光丝，并保持一定的束宽向前传输，如图 1.13 所示。

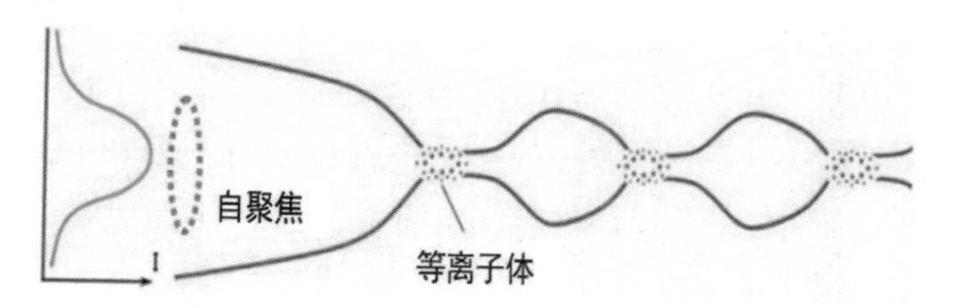

图 1.13　自引导传输模型的示意图[19]

1.4.2 移动焦点模型

移动焦点模型最早是在 20 世纪 70 年代开始发展，用来解释激光在介质中传输的成丝现象。此模型可以说明，自聚焦是在一定范围而不是在某一点成丝。这个模型认为，激光脉冲在时间上分成很多层，每一层功率不相等，哪一层的功率超过了自聚焦的临界功率，这一层就会聚焦到一个焦点上。所有功率大于自聚焦阈值功率的脉冲层都会在一定的传输距离上聚焦，如图 1.14 所示。由非线性波动方程，假定介质为各向同性，以及光束为准单色光，在慢变振幅近似下，可得到焦点位置与其功率的关系式如下：

$$Z_f = \frac{0.367ka^2}{\left[\left(P/P_{cr}\right)^{1/2} - 0.852\right]^2 - 0.0219^{1/2}} \tag{1.19}$$

可见，脉冲层功率越大，焦点越近，功率越小，焦点越远。那些功率低于自聚焦阈值的脉冲层则会衍射开。如果在时间上分的层足够“薄”，每层的功率可以看成是连续的，那么所有功率高于自聚焦阈值的脉冲层自聚焦的焦点就形成一个连续的聚焦焦点串，在空间上形成等离子体细丝。这一模型不仅成功地解释了光丝形成的起始位置，而且和实验上测得光丝能量只占激光能量的一小部分的实验结果符合得很好。但这一模型没有考虑等离子体的产生和脉冲不同时间层上的耦合，因此，无法解释光丝在几何焦点后的传输。

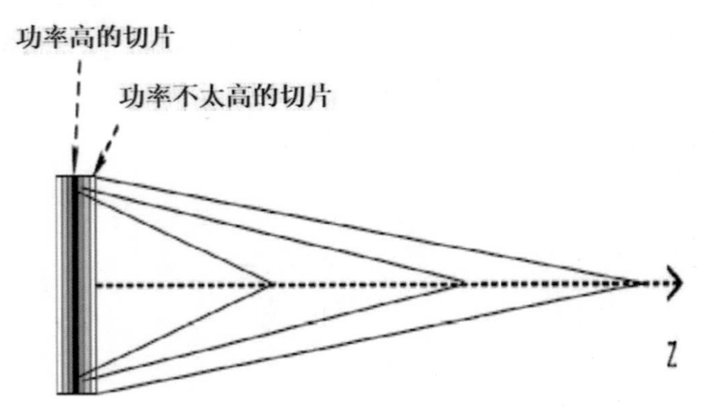

图 1.14　移动焦点模型示意图 [118]

1.4.3 空间动态补偿模型

1998 年，Mlejnek 提出空间动态补偿模型 [119]。其主要思想是，由于非线性自聚焦使脉冲前沿的峰值强度增大，电离空气产生等离子体，这会对后沿激光脉冲有散焦的作用。而多光子电离的耗散又使脉冲前沿光强逐渐减小，这时产生的等离子体对后沿的散焦作用减弱，从而脉冲后沿自聚焦又占据上风，将能量补充到中心，这样就形成了周期的聚焦—散焦—再聚焦，直到脉冲功率不够达到自聚焦阈值，激光光丝的传输结束。正是这种能量不断地补充到光丝中心，才使得激光光丝不受瑞利距离的限制，可以传输很长距离。该模型更好地完善了自引导模型和移动焦点模型。

1.5 强飞秒激光脉冲成丝的应用简介

近年来，随着飞秒激光成丝研究的不断发展，使之逐渐成为飞秒激光脉冲在光学介质中传播研究的重要组成部分。成丝现象的独特优势，如较高的强度、超宽光谱带宽及可以远距离无衍射传播等特点，不仅对基础研究有着重要的意义，对于实际应用，如激光引雷、白光激光雷达和大气污染物探测分析，以及激光诱导放电等都有着潜在的应用前景。

1.5.1 白光激光雷达和大气污染物探测分析

大气远程探测技术对于当前温室效应、臭氧层问题、大气污染监测以及天气预测等有着重要的意义。传统的测量方法主要是将质谱仪等检测仪器通过热气球或飞行器送到高空中，这种方法虽然可以得到精确的测量结果，但是成本较高。光谱测量分析法也是一种很有前景的测量方法，其中有代表性的就是吸收光谱差分探测方法（DOAS）和傅里叶变换红外光谱分析法（FTIR）。DOAS 方法是将两束不同频率的激光送入高空中，其中一束激光的波长对应目标气体的吸收峰位置，而目标气体对另一束激光波长没有吸收，通过测量两束不同频率激光回波信号的差，来推断目标气体的浓度。这种方法中回波信号与距离的平方成反比，对于远距离测量一般较弱，并且只能同时测量一种样品。FTIR 方法则采用超连续辐射光源，以傅里叶光谱仪作为探测装置，同时测量较宽谱段范围内吸收谱。这种方法可以实现多种气体成分的实时检测，然而，在用于大气远程探测的过程中由于缺少合适的白光光源，只能依靠太阳光或月亮光进行测量。FTIR 方法需要一个可以从地面发射、距离可以调谐、光谱足够宽、并且回波信号足够强的光源。飞秒激光成丝的出现很好地解决了这个问题，由于成丝内部复杂的非线性效应（如自相位调制和自陡峭等），导致其光谱将展宽形成白光超连续谱，可以覆盖紫外至红外的整个波段，并且具有方向性很强的背向散射；2003 年，Kasparian 等人通过这种方法实现对高空大气中的二氧化碳与水蒸气的检测 [43]，从而证明了它的可行性。图 1.15 为白光激光雷达系统，它的工作原理是将高功率的飞秒激光脉冲发射到大气中，利用强激光与大气介质的强非线性作用产生宽带的白光光谱，探测大气散射回来的白光光谱信号，从中可以提取出大气组分、化合物的空间分布和浓度等相关信息 [43]。这一能力大大改变了我们测量环境的途径，在环境和大气监测领域取得巨大进步。

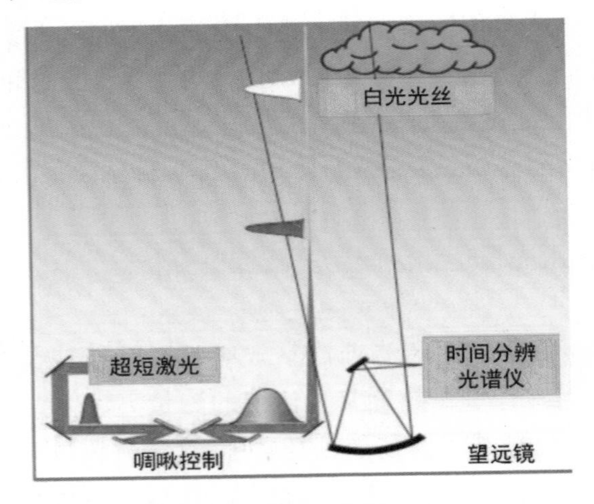

图 1.15　超宽带激光雷达进行大气污染物探测的装置示意图 [120]

1.5.2 激光诱导闪电

随着地面电网、核电站以及机场等敏感场所越来越密集，对雷电等自然灾害的预防就显得极为重要。传统上，我们大多采用避雷的被动方式来防治雷灾，由于其效率低下，早已不能满足现代社会的需求。因此近年来火焰引雷、高压水柱引雷、火箭引雷等多种方式被相继提出，但都没有得到很好的效果。随着激光技术的发展，Ball 等人 [121] 在 20 世纪70年代提出了利用高强度光强电离空气形成的等离子体通道来引导雷电,从而实现对核电站、机场等重要场所进行保护。由于当时所用的纳秒激光器的脉宽较大,在电离过程中容易造成雪崩电离从而生成很大的等离子体密度,导致大部分的脉冲能量被等离子体的散焦所消耗,最终限制了诱导闪电的进一步实施。

近年来,强飞秒激光脉冲在大气中传播,可以产生长达百米[123],甚至千米[124]的等离子体通道,给激光引雷提供了新的可能。2008年,Kasparian等人[125]在海拔高度约为3 200 m处的朗缪尔实验室,利用强飞秒激光脉冲进行了云层放电实验(图1.16)。实验结果显示,等离子通道的产生,明显增强了该区域内的电子活动,即等离子体通道的生成能够触发局部放电过程,这为诱导闪电提供了可能。目前,如何进一步扩展等离子体通道的长度和延长其寿命仍是激光引雷亟需解决的技术难点。

图1.16 激光诱导闪电方案的效果图[122]

1.5.3 激光诱导大气中的水凝结

按需降雨是人类的一个古老梦想,具有巨大的潜在社会经济效益。为了调节区域降水量,人们基于碘化银(AgI)、液态丙烷以及干冰等化学物质对人工降雨进行了广泛的研究。到目前为止,美国、俄罗斯、欧洲以及我国在内的多个国家都开展了数百个致力于人工降雨的项目。但是其方式往往具有成效有限且耗资巨大或者污染有害等缺点。因此需要我们探究新的人工降雨方案。随着激光技术的发展,人们发现激光诱导的水凝结为人工降雨提供了一种新的手段。

飞秒激光脉冲在大气中传输时,会产生高强度的光丝,在激光脉冲通过的地方,空气中悬浮的小水滴将在高强度的光强作用下被电离,产生的电子有些会转移到附近的小水滴上,又由于库仑力的存在,促使小水滴相互吸引形成凝结核。而凝结核在等离子体膨胀导致的空气流动的过程中,将水蒸气吸附于其表面,从而促进大气中的水凝结。

Rohwetter 等人[126]在 2010 年证明了由超短激光脉冲产生的自引导光丝也能在自由、次饱和的大气中诱导水凝结。徐至展等人[127]在 2012 年利用飞秒激光脉冲成丝,在云室中实现了“人工降雪”。图 1.17 为其实验装置[见图 1.17(a)]以及实验结果[见图 1.17(b)–(e)],图 1.17(b)表示在没有探测光的情况下激光在云室中成丝时的荧光,图(c)给出了图(b)中积雪的特写镜头,图 1.17(d)所示为飞秒激光照射两个小时后的积雪,图(e)又给出了图(d)的一个特写镜头。2016 年,Liu 等人[128]研究了在充满空气、氩和氦的云室中,飞秒激光成丝诱导的气流、水凝结和雪的形成,并讨论了在不同气体中水凝结的机理。

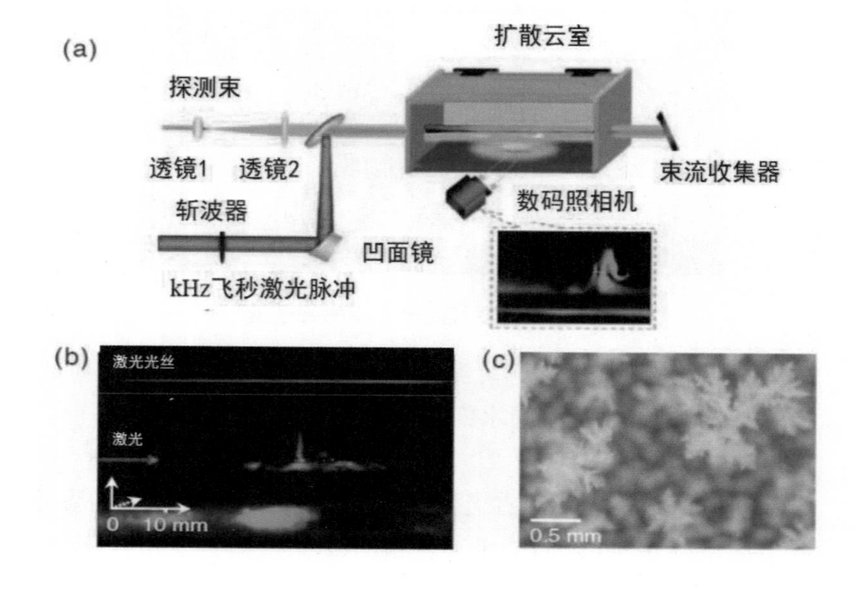

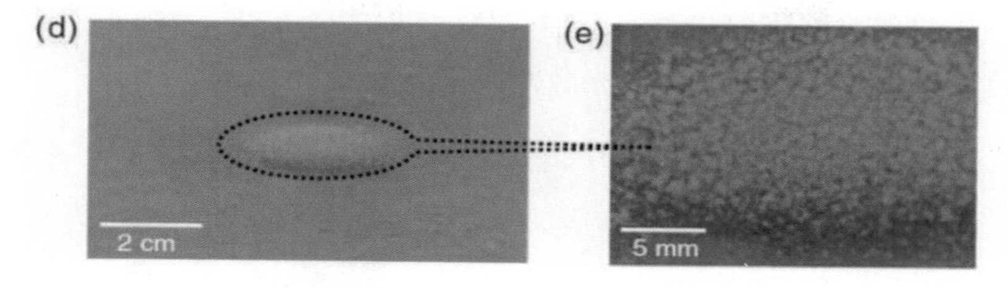

图 1.17 利用飞秒激光脉冲成丝诱导“人工降雪”[62]

（a）实验装置示意图；（b–e）实验结果

尽管，利用飞秒激光成丝来实现人工降雨取得了突破性进展，但是对于实际应用来说，需要能够对降雨区域及规模进行控制。因此还需要对激光成丝诱导降雨的机制及影响因素进行探讨，从而更好地对其利用。

1.5.4 微波通道

2005 年加拿大国防研究与开发中心启动了利用激光成丝以电流与微波辐射的形式来引导能量的传输。由此引起了研究者们极大的兴趣，因为它提供了一个可以限制微波辐射，且能保持长距离的高能量密度，而避免了微波高色散问题。在 2008 年，Châteauneuf 等人在实验中观察到 10 GHz 的电磁波在空心圆柱区域内传输了大约 16 m[129]。他们利用一变形镜来对光束进行整形，重复频率 10 Hz、27 fs、1.5 J 的线偏振铁蓝宝石激光脉冲整形为环形强度分布。这种环形冲非线性传输产生了相距很近的约千条的光丝，如图 1.18 所示，进而产生了直径约为 45 mm 的空心圆柱形的等离子体区域。这些等离子体区域内能够引导电磁波，其方式是低于等离子体频率的电磁波会在空心圆柱形光丝区域内发生全内反射。2010 年，Shneider 等人 [130] 利用一集合等离子体动能方程、纳维叶 – 斯托克斯方程（Navier–Stokes）、电子热传导与电子振动能量传递方程的等离子体动力学模型，来量化由高强度超短激光脉冲在大气中成丝产生的微波等离子体波导的寿命。实验结果证明一近红外或中红外激光脉冲可以控制等离子体的衰减，通过电子温度的增加有效地抑制中性物质的附着与复合离解，从而大大增加波导等离子体寿命与促进微波的远距离传输。2012 年，Alshershby 等研究人员探究了非连续有限厚度层的空心圆柱形等离子体波导 [131,132]，其特点是多丝间距在厘米量级，同时波导层的厚度在微波透射深度量级，这种非连续有限厚度的波导层更接近实际激光脉冲产生的微波通道。

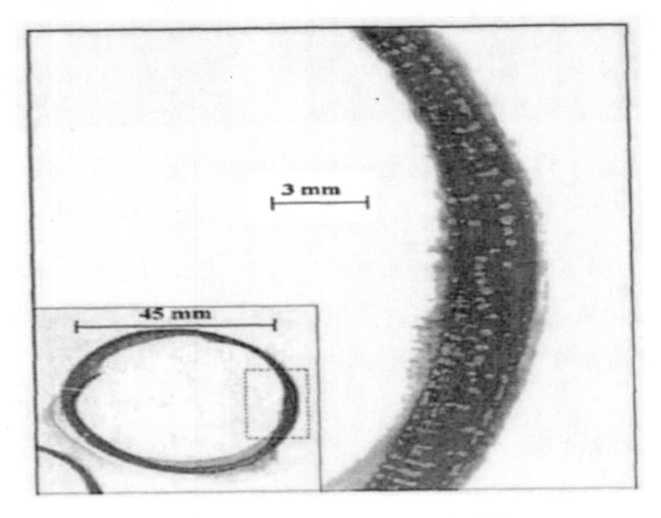

图 1.18 空心圆柱形光丝图[129

参考文献

[1] Kasparian J, Rodríguez M, Méjean G, et al. White-light filaments for atmospheric analysis[J]. Science, 2003, 301 (5629): 61-64.

[2] Kandidov V P, Kosareva O G, Golubtsov I S, et al. Self-transformation of a powerful femtosecond laser pulse into a white-light laser pulse in bulk optical media (or supercontinuum generation) [J]. Applied Physics B, 2003, 77 (2): 149-165.

[3] Chin S L, Hosseini S A, Liu W, et al. The propagation of powerful femtosecond laser pulses in opticalmedia: physics, applications, and new challenges[J]. Canadian journal of physics, 2005, 83 (9): 863-905.

[4] Chin S L, Th Ebe Rge F, Liu W. Filamentation nonlinear optics[J]. Applied Physics B,2007,86 (3): 477–483.

[5] Couairon A, Mysyrowicz A. Femtosecond filamentation in transparent media[J]. Physics reports,2007,441 (2–4): 47–189.

[6] Bergé L, Skupin S, Nuter R, et al. Ultrashort filaments of light in weakly ionized, optically transparent media[J]. Reports on progress in physics,2007,70 (10): 1633.

[7] Kasparian J, Wolf J P. Physics and applications of atmospheric nonlinear optics and filamentation[J]. Optics express,2008,16 (1): 466–493.

[8] Chin S L, Wang T J, Marceau C, et al. Advances in intense femtosecond laser filamentation in air[J]. Laser Physics,2012,22 (1): 1–53.

[9] Chin S L, Hosseini S A, Liu W, et al. The propagation of powerful femtosecond laser pulses in opticalmedia: physics, applications, and new challenges[J]. Canadian journal of physics, 2005,83 (9): 863–905.

[10] Yang H, Zhang J, Li Y, et al. Characteristics of self–guided laser plasma channels generated by femtosecond laser pulses in air[J]. Physical Review E,2002,66 (1): 016406.

[11] Liu W, Hosseini S A, Luo Q, et al. Experimental observation and simulations of the self–action of white light laser pulse propagating in air[J]. New Journal of Physics,2004,6 (1): 6.

[12] Aközbek N, Scalora M, Bowden C M, et al. White–light continuum generation and filamentation during the propagation of ultra–short laser pulses in air[J]. Optics communications,2001,191(3–6): 353–362.

[13] Hercher M. Laser–induced damage in transparent media[J]. J. Opt. Soc. America,1964,54: 563.

[14] Chiao R Y, Garmire E, Townes C H. Self–trapping of optical beams[J]. Physical review letters,1964,13 (15): 479–482.

[15] Wagner W G, Haus H A, Marburger J H. Large–scale self–

trapping of optical beams in the paraxial ray approximation[J]. Physical Review, 1968, 175（1）：256.

[16] Dawes E L , Marburger J H . Computer Studies in Self-Focusing[J]. Physical Review, 1969, 179（3）：862-868.

[17] Strickland D, Mourou G. Compression of amplified chirped optical pulses[J]. Optics communications, 1985, 55（6）：447-449.

[18] Braun A, Korn G, Liu X, et al. Self-channeling of high-peak-power femtosecond laser pulses in air[J]. Optics letters, 1995, 20（1）：73-75.

[19] Nibbering E T J, Curley P F, Grillon G, et al. Conical emission from self-guided femtosecond pulses in air[J]. Optics letters, 1996, 21（1）：62-64.

[20] Fontaine B L, Vidal F, Jiang Z, et al. Filamentation of ultrashort pulse laser beams resulting from their propagation over long distances in air[J]. Physics of Plasmas, 1999, 6（5）：1615-1621.

[21] Méchain G, Couairon A, André Y B, et al. Long-range self-channeling of infrared laser pulses in air：a new propagation regime without ionization[J]. Applied Physics B, 2004, 79（3）：379-382.

[22] Rodriguez M, Bourayou R, Méjean G, et al. Kilometer-range nonlinear propagation of femtosecond laser pulses[J]. Physical Review E, 2004, 69（3）：036607.

[23] Méchain G, D'Amico C, André Y B, et al. Range of plasma filaments created in air by a multi-terawatt femtosecond laser[J]. Optics Communications, 2005, 247（1-3）：171-180.

[24] Nuter R, Skupin S, Bergé L. Chirp-induced dynamics of femtosecond filaments in air[J]. Optics letters, 2005, 30（8）：917-919.

[25] Hao Z Q, Zhang J, Li Y T, et al. Prolongation of the fluorescence lifetime of plasma channels in air induced by femtosecond laser pulses[J]. Applied Physics B, 2005, 80（4）：627-630.

[26] D'Amico C, Houard A, Franco M, et al. Conical Forward THz Emission from Femtosecond-Laser-Beam Filamentation in Air[J].

Physical Review Letters, 2007, 98 (23): 235002.

[27] Camino A, Hao Z, Liu X, et al. High spectral power femtosecond supercontinuum source by use of microlens array[J]. Optics letters, 2014, 39 (4): 747-750.

[28] Englesbe A C, He Z, Nees J A, et al. Control of the configuration of multiple femtosecond filaments in air by adaptive wavefront manipulation[J]. Optics express, 2016, 24 (6): 6071-6082.

[29] Xi T T, Lu X, Zhang J. Interaction of light filaments generated by femtosecond laser pulses in air[J]. Physical review letters, 2006, 96 (2): 025003.

[30] Hao Z, Zhang J, Zhang Z, et al. Characteristics of multiple filaments generated by femtosecond laser pulses in air: prefocused versus free propagation[J]. Physical Review E, 2006, 74 (6): 066402.

[31] Hao Z , Zhang J , Lu X, et al. Spatial evolution of multiple filaments in air induced by femtosecond laser pulses[J]. Optics Express, 2006, 14 (2): 773-8.

[32] Hao Z Q, Zhang J, Xi T T, et al. Optimization of multiple filamentation of femtosecond laser pulses in air using a pinhole[J]. Optics express, 2007, 15 (24): 16102-16109.

[33] Hao Z Q, Salamé R, Lascoux N, et al. Multiple filamentation of non-uniformly focused ultrashort laser pulses[J]. Applied Physics B, 2009, 94 (2): 243-247.

[34] Pavel, Polynkin, Miroslav, et al. Generation of extended plasma channels in air using femtosecond Bessel beams.[J]. Optics express, 2008.

[35] Polynkin P, Kolesik M, Moloney J. Extended filamentation with temporally chirped femtosecond Bessel-Gauss beams in air[J]. Optics Express, 2009, 17 (2): 575.

[36] Polynkin P, Kolesik M, Moloney J V, et al. Curved Plasma Channel Generation Using Ultraintense Airy Beams[J]. Science, 2009, 324 (5924): 229-232.

[37] Freegarde T, Dholakia K. Cavity-enhanced optical bottle

beam as a mechanical amplifier[J]. Physical Review A, 2002, 66（1）: 013413-[8pp].

[38] Arlt J, Padgett M J. Generation of a beam with a dark focus surrounded by regions of higher intensity: the optical bottle beam[J]. Optics Letters, 2000, 25（4）: 191-193.

[39] Ariel Kaplan, Nir Friedman, and Nir Davidson. Optimized single-beam dark optical trap[J]. Opt. Soc. Am. B, 2002, 19: 1233-1238.

[40] Pendleton W K, Guenther A H. Investigation of a Laser Triggered Spark Gap[J]. Review of Scientific Instruments, 1965, 36（11）: 1546-1550.

[41] M Rodríguez, Sauerbrey R, Wille H, et al. Triggering and guiding megavolt discharges by use of laser-induced ionized filaments[J]. Optics Letters, 2002, 27（9）: 772-774.

[42] Kasparian J, Ackermann R, YB André, et al. Electric events synchronized with laser filaments in thunderclouds[J]. Optics Express, 2008, 16（8）: 5757-63.

[43] M, Chteauneuf, S, et al. Microwave guiding in air by a cylindrical filament array waveguide[J]. Applied Physics Letters, 2008, 92（9）: 91104-91104.

[44] Kasparian J, Rodríguez M, Méjean G, et al. White-light filaments for atmospheric analysis[J]. Science, 2003, 301（5629）: 61-64.

[45] Luo Q, Xu H L, Hosseini S A, et al. Remote sensing of pollutants using femtosecond laser pulse fluorescence spectroscopy[J]. Applied physics. B, Lasers and optics, 2006, B82（1）: p.105-109.

[46] Chin S L, Xu H L, Luo Q, et al. Filamentation “remote” sensing of chemical and biological agents/pollutants using only one femtosecond laser source[J]. Applied Physics B, 2009, 95（1）: 1-12.

[47] H. L. X U, Mejean G, Liu W, et al. Remote detection of similar biological materials using femtosecond filament-induced breakdown spectroscopy[J]. Applied Physics B, 2007, 87（1）: 151-156.

[48] Xu H L, Kamali Y, Marceau C, et al. Simultaneous detection and identification of multigas pollutants using filament-induced nonlinear spectroscopy[J]. Applied Physics Letters, 2007, 90 (10): 287-460.

[49] Cheng C C, Wright E M, Moloney J V. Generation of electromagnetic pulses from plasma channels induced by femtosecond light strings[J]. Physical Review Letters, 2001, 87 (21): 213001.

[50] Liu Y, Houard A, Prade B, et al. Terahertz Radiation Source in Air Based on Bifilamentation of Femtosecond Laser Pulses[J]. Physical Review Letters, 2007, 99 (13): 135002.

[51] Liu J, Dai J, Chin S L, et al. Broadband terahertz wave remote sensing using coherent manipulation of fluorescence from asymmetrically ionized gases[J]. Nature Photonics, 2010, 4 (9): 1-2.

[52] Daigle J F , F Théberge, Henriksson M , et al. Remote THz generation from two-color filamentation: long distance dependence[J]. Optics Express, 2012, 20 (6): 6825-34.

[53] Bai Y, Song L, Xu R, et al. Waveform-Controlled Terahertz Radiation from the Air Filament Produced by Few-Cycle Laser Pulses[J]. Physical Review Letters, 2012, 108 (25).

[54] Rohwetter P, Jérme Kasparian, Stelmaszczyk K, et al. Laser-induced water condensation in air[J]. Nature Photonics, 2010, 4 (7).

[55] Ju J, Liu J, Wang C, et al. Laser-filamentation-induced condensation and snow formation in a cloud chamber[J]. Optics letters, 2012, 37 (7): 1214-1216.

[56] Couairon A, Mysyrowicz A.Femtosecond filamentation in transparent media[J]. Physics reports, 2007, 441 (2-4): 47-189.

[57] Boyd R W . Nonlinear Optics Second Edition[M]. Academic Press, 2003.

[58] 石喆 . 飞秒激光在空气中成丝的特性研究 [D]. 长春：吉林大学, 2018.

[59] Marburger J H . Self-focusing: Theory[J]. Progress in Quantum Electronics, 2005, 4 (part-P1): 35-110.

[60] Rothenberg J E. Space-time focusing: breakdown of the slowly varying envelope approximation in the self-focusing of femtosecond pulses[J]. Optics Letters, 1992, 17 (19): 1340.

[61] Ranka J K, Gaeta A L. Breakdown of the slowly varying envelope approximation in the self-focusing of ultrashort pulses[J]. Optics Letters, 1998, 23 (7): 534-536.

[62] Fibich G, Papanicolaou G C. Self-focusing in the presence of small time dispersion and nonparaxiality[J]. Optics letters, 1997, 22 (18): 1379-1381.

[63] Peñano J R, Sprangle P, Serafim P, et al. Stimulated Raman scattering of intense laser pulses in air[J]. Physical Review E, 2003, 68 (5): 056502.

[64] Nibbering E T J, Grillon G, Franco M A, et al. Determination of the inertial contribution to the nonlinear refractive index of air, N2, and O2 by use of unfocused high-intensity femtosecond laser pulses[J]. JOSA B, 1997, 14 (3): 650-660.

[65] Ripoche J F, Grillon G, Prade B, et al. Determination of the time dependence of n2 in air[J]. Optics Communications, 1997, 135 (4-6): 310-314.

[66] Nurhuda M, Groesen E V. Effects of delayed Kerr nonlinearity and ionization on the filamentary ultrashort laser pulses in air[J]. Physical Review E, 2005, 71 (6 Pt 2): 066502.

[67] Esarey E, Sprangle P, Krall J, et al.Self-focusing and guiding of short laser pulses in ion-izing gases and plasmas[J].IEEE Journal of Quantum Electronics, 2002, 33 (11): 1879-1914.

[68] Keldysh LV.Ionization in the field of a strong electromagnetic wave[M].Sov.Phys.J-ETP, 1965, 20 (5): 1307-1314.

[69] Bergé L, Skupin S, Lederer F, et al. Multiple filamentation of terawatt laser pulses in air. [J]. Physical Review Letters, 2004, 92(22): 225002.

[70] Dubietis A, Gaižauskas E, Tamošauskas G, et al. Light filaments without self-channeling[J]. Physical review letters, 2004, 92

(25): 253903.

[71] Wu Z, Jiang H, Yang H , et al. The refocusing behaviour of a focused femtosecond laser pulse in fused silica[J]. Journal of Optics A: pure and applied optics, 2003, 5 (2): 102.

[72] Liu W, Chin S L, Kosareva O, et al. Multiple refocusing of a femtosecond laser pulse in a dispersive liquid (methanol)[J]. Optics communications, 2003, 225 (1-3): 193-209.

[73] Moll K D, Gaeta A L. Role of dispersion in multiple-collapse dynamics[J]. Optics letters, 2004, 29 (9): 995-997.

[74] Fibich G, Ilan B. Vectorial and random effects in self-focusing and in multiple filamentation[J]. Physica D: Nonlinear Phenomena, 2001, 157 (1-2): 112-146.

[75] Liu W, Théberge F, Daigle J F, et al. An efficient control of ultrashort laser filament loca-tion in air for the purpose of remote sensing[J]. Applied Physics B, 2006, 85 (1): 55-58.

[76] Jin Z, Zhang J, Xu M H, et al. Control of filamentation induced by femtosecond laser pulses propagating in air[J]. Optics express, 2005, 13 (25): 10424-10430.

[77] Mitryukovskiy S, Liu Y, Ding P, et al. Plasma luminescence from femtosecond filaments in air: evidence for impact excitation with circularly polarized light pulses[J]. Physical review letters, 2015, 114 (6): 063003.

[78] Ding P, Mitryukovskiy S, Houard A, et al. Backward Lasing of Air plasma pumped by Circularly polarized femtosecond pulses for the saKe of remote sensing (BLACK)[J]. Optics express, 2014, 22 (24): 29964-29977.

[79] Couairon A, Méchain G, Tzortzakis S, et al. Propagation of twin laser pulses in air and concatenation of plasma strings produced by femtosecond infrared filaments[J]. Optics communications, 2003, 225 (1-3): 177-192.

[80] Tzortzakis S, Méchain G, Patalano G, et al. Concatenation of plasma filaments created in air by femtosecond infrared laser pulses[J].

Applied Physics B, 2003, 76（5）: 609-612.

[81] Chen A, Li S, Li S, et al. Optimally enhanced optical emission in laser-induced air plasma by femtosecond double-pulse[J]. Physics of Plasmas, 2013, 20（10）: 103110.

[82] Varma S, Chen Y H, Palastro J P, et al. Molecular quantum wake-induced pulse shaping and extension of femtosecond air filaments[J]. Physical Review A, 2012, 86（2）: 023850.

[83] Varma S, Chen Y H, Milchberg H M. Trapping and destruction of long-range high-intensity optical filaments by molecular quantum wakes in air[J]. Physical Review Letters, 2008, 101（20）: 205001.

[84] Bergé L. Boosted propagation of femtosecond filaments in air by double-pulse combination[J]. Physical Review E, 2004, 69（6）: 065601.

[85] Vidal F, Johnston T W. Electromagnetic beam breakup: Multiple filaments, single beam equilibria, and radiation[J]. Physical review letters, 1996, 77（7）: 1282.

[86] Chin S L, Petit S, Liu W , et al. Interference of transverse rings in multifilamentation of powerful femtosecond laser pulses in air[J]. Optics Communications, 2002, 210（3-6）: 329-341.

[87] Chin S L, Aközbek N, Proulx A, et al. Transverse ring formation of a focused femtosecond laser pulse propagating in air[J]. Optics communications, 2001, 188（1-4）: 181-186.

[88] Chin S L, Petit S, Liu W, et al. Interference of transverse rings in multifilamentation of powerful femtosecond laser pulses in air[J]. Optics Communications, 2002, 210（3-6）: 329-341.

[89] Hosseini S A, Luo Q, Ferland B, et al. Competition of multiple filaments during the propagation of intense femtosecond laser pulses[J]. Physical review A, 2004, 70（3）: 033802.

[90] Bespalov V I, Talanov V I. Filamentary structure of light beams in nonlinear liquids[J]. Soviet Journal of Experimental and Theoretical Physics Letters, 1966, 3: 307.

[91] Skupin S, Bergé L, Peschel U, et al. Filamentation of

femtosecond light pulses in the air: Turbulent cells versus long-range clusters[J]. Physical Review E,2004,70(4): 046602.

[92] Dubietis A, Tamosauskas G, Fibich G, et al. Multiple filamentation induced by input-beam ellipticity[J]. Optics letters, 2004,29(10): 1126-1128.

[93] Fibich G, Eisenmann S, Ilan B, et al. Control of multiple filamentation in air[J]. Optics letters,2004,29(15): 1772-1774.

[94] Méchain G, Couairon A, Franco M, et al. Organizing multiple femtosecond filaments in air[J]. Physical review letters,2004,93(3): 035003.

[95] Hao Z Q, Zhang J, Lu X, et al. Spatial evolution of multiple filaments in air induced by femtosecond laser pulses[J]. Optics Express,2006,14(2): 773-778.

[96] Xi T T, Lu X , Zhang J. Interaction of Light Filaments Generated by Femtosecond Laser Pulses in Air[J]. Physical Review Letters,2006,96(2): 025003.

[97] Tzortzakis S, Bergé L, Couairon A, et al. Breakup and Fusion of Self-Guided Femtosec-ond Light Pulses in Air[J]. Physical Review Letters,2001,86(24): 5470-5473.

[98] Cai H, Wu J, Lu P, et al. Attraction and repulsion of parallel femtosecond filaments in air[J]. Physical Review A,2009,80(5): 51802.

[99] Chin S L, Liu W, Théberge F, et al. Some fundamental concepts of femtosecond laser filamentation[M]//Progress in Ultrafast Intense Laser Science III. Springer, Berlin, Heidelberg,2008: 243-264.

[100] Backus S, Peatross J, Zeek Z, et al.16-fs, 1-μJ ultraviolet pulses generated by third-harmonic conversion in air[J].Opt. Lett. 21, 665-667(1996).

[101] Yang H, Zhang J, Zhang J, et al. Third-order harmonic generation by self-guided femtos-econd pulses in air[J]. Physical Review E Statistical Nonlinear & Soft Matter Physics,2003,67(1):

198–217.

[102] Bergé L, Skupin S, Méjean G, et al. Supercontinuum emission and enhanced self-guiding of infrared femtosecond filaments sustained by third-harmonic generation in air[J]. Physical Review E, 2005, 71（1）: 016602.

[103] Loriot V, Hertz E, Faucher O, et al. Measurement of high order Kerr refractive index of major air components[J]. Optics express, 2009, 17（16）: 13429–13434; Loriot V, Hertz E, Faucher O, et al. Measurement of high order Kerr refractive index of major air components: erratum[J]. Optics Express, 2010, 18（3）: 3011–3012.

[104] Béjot P, Kasparian J, Henin S, et al. Higher-order Kerr terms allow ionization-free filamentation in gases[J]. Physical review letters, 2010, 104（10）: 103903.

[105] Béjot P, Hertz E, Kasparian J, et al. Transition from plasma-driven to Kerr-driven laser filamentation[J]. Physical Review Letters, 2011, 106（24）: 243902.

[106] Loriot V, Béjot P, Ettoumi W, et al. On negative higher-order Kerr effect and filamentation[J]. Laser physics, 2011, 21（7）: 1319–1328.

[107] Todorov T P, Todorova M E, Todorov M D, et al. On the stable propagation of high-intensity ultrashort light pulses[J]. Optics Communications, 2014, 323: 128–133.

[108] Dubietis A, Gaižauskas E, Tamošauskas G, et al. Light filaments without self-channeling[J]. Physical review letters, 2004, 92（25）: 253903.

[109] Méchain G, Couairon A, André Y B, et al. Long-range self-channeling of infrared laser pulses in air: a new propagation regime without ionization[J]. Applied Physics B, 2004, 79（3）: 379–382.

[110] Kosareva O, Daigle J F, Panov N, et al. Arrest of self-focusing collapse in femtosecond air filaments: higher order Kerr or plasma defocusing?[J]. Optics letters, 2011, 36（7）: 1035–1037.

[111] 王少宏，许景周，汪力，等．THz 技术的应用及展望 [J]. 物理，

2001,30（10）：0-0.

[112] Smith P R, Auston D H, Nuss M C. Subpicosecond photoconducting dipole antennas[J]. IEEE Journal of Quantum Electronics,1988,24（2）：255-260.

[113] D'Amico C, Houard A, Franco M, et al. Conical Forward THz Emission from Femtosecond-Laser-Beam Filamentation in Air[J]. Physical Review Letters,2007,98（23）：235002.

[114] 杨晶,赵佳宇,郭兰军,等. 超快激光成丝产生太赫兹波的研究 [J]. 红外与激光工程,2015,44（3）：996-1007.

[115] Marburrger J, Wagner W. Self-focusing as a pulse sharpening mechanism[J]. IEEE Journal of Quantum Electronics,1967,3（10）：415-416.

[116] Loy M M T, Shen Y R. Small-scale filaments in liquids and tracks of moving foci[J]. Physical Review Letters,1969,22（19）：994.

[117] Loy M M T, Shen Y R. Experimental study of small-scale filaments of light in liquids[J]. Physical Review Letters,1970,25(19）：1333.

[118] Brodeur A, Chien C Y, Ilkov F A, et al. Moving focus in the propagation of ultrashort laser pulses in air[J]. Optics Letters,1997,22（5）：304-306.

[119] Mlejnek M, Wright E M, Moloney J V. Dynamic spatial replenishment of femtosecond pulses propagating in air[J]. Optics letters,1998,23（5）：382-384.

[120] Liu W, Théberge F, Arévalo E, et al. Experiment and simulations on the energy reservoir effect in femtosecond light filaments[J]. Optics letters,2005,30（19）：2602-2604.

[121] Ball, Leonard M. The Laser Lightning Rod System: Thunderstorm Domestication[J]. Ap-plied Optics,1974,13（10）：2292.

[122] Koopman D W, Wilkerson T D. Channeling of an Ionizing Electrical Streamer by a Laser Beam[J]. Journal of Applied Physics,

1971,42（5）: 1883–1886.

[123] Yang H, Zhang J, Yu W, et al. Long plasma channels generated by femtosecond laser pu–lses[J]. Physical Review E Statistical Nonlinear & Soft Matter Physics,2002,65（1）: 016406.

[124] Rodriguez M, Bourayou R, G Méjean, et al. Kilometer–range nonlinear propagation of f–emtosecond laser pulses[J]. Phys.rev. e,2004,69（3）: 036607.

[125] Kasparian J, Ackermann R, Y B André, et al. Electric events synchronized with laser fil–aments in thunderclouds[J]. Optics Express,2008,16（8）: 5757–5763.

[126] Rohwetter P, Kasparian J, Stelmaszczyk K, et al. Laser–induced water condensation in air [J]. Nature Photonics,2010,4（7）: 451–456.

[127] Ju J, Liu J, Wang C, et al. Laser–filamentation–induced condensation and snow form–ation in a cloud chamber [J]. Optics Letters,2012,37（7）: 1214–1216.

[128] Liu Y, Sun H, Liu J, et al. Laser–filamentation–induced water condensation and snow formation in a cloud chamber filled with different ambient gases [J]. Optics express,2016,24（7）: 7364–7373.

[129] Chateauneuf M, Payeur S, Kieffer J C. Microwave guiding in air by a cylindrical filam–ent array waveguide[J]. Applied Physicsletters,2008,92（9）: 10–12.

[130] Shneider M N, Zheltikov A M, Miles R B. Long–lived laser–induced microwave plasma guides in the atmosphere: Self–consistent plasma–dynamic analysis and numerical simulations[J]. Journal of Applied Physics,2010,108（3）: 733.

[131] Alshershby M, Hao Z, Lin J. Guiding microwave radiation using laser–induced filame–nts: The hollow conducting waveguide concept[J]. Journal of Physics D Applied Physics,2012,45（26）.

[132] Alshershby M, Hao Z, Lin J. Hollow cylindrical plasma filament waveguide with disc–ontinuous finite thickness cladding[J]. Physics of Plasmas,2013,20（1）: 73.

第2章

飞秒激光在大气中传输的基本理论和数值研究方法

飞秒激光在大气中的成丝传输,研究方法主要有实验研究、理论解析和数值模拟三大类。

实验上,人们通常采用的方法是根据细丝所表现出来的各种现象对其进行间接测量,目前人常采用的方法有声学测量、电阻测量、荧光探测、横截面成像、纵向干涉和阴影成像等方法。这些方法分别是针对等离子体细丝的光学、声学、电学、电磁性等特性进行的测量。声学方法是通过测量激光脉冲电离空气时产生的冲击波演化成的声波来间接反映细丝内的激光强度,进而得到细丝内的电子密度分布[1,2]。电阻测量则是利用了等离子体细丝为弱离化状态的特性。荧光测量法时利用了细丝由于分子能级跃迁而辐射荧光的特性[3-6]。横截面测量就是直接利用光丝的高强度特点[7]。纵向干涉法和阴影成像法都是利用了等离子体对激光的散焦作用,纵向干涉测量是探侦光和主激光在一条支线上[8],而在阴影成像测量中探测光和主激光是垂直的。这些实验方法都比较好地从不同侧面反映了光丝和等离子体通道的特征,在研究中针对具体物理问题采取不同的实验手段,可以更为完备地反映光丝和等离子体通道的演化。

理论研究上有解析法和数值模拟法。解析研究飞秒激光在大气中传输的方法比较有限。一种方法是将激光光束直径的演化类比成在势井中运动的粒子来分析。另一种方法是通过引入简化的非线性薛定谔方程来推导光场的哈密顿量，通过哈密顿量来分析激光光场的演化。但理论解析方法有很大的局限性，通常都作了很多近似来处理非线性效应，得到的结果不够准确，只能在某些情况下定性地反映物理问题。目前的这两种解析方法都主要用在判断激光是聚焦还是散焦的问题上。数值模拟在研究飞秒激光在大气中传输时起到了非常重要的作用，如在理解物理机制、预测实验、解释实验现象等方面，数值模拟是必不可少的。非线性薛定谔方程很好地描述了飞秒激光在大气中传输时所受到的线性和非线性效应。到目前为止，最为全面和精确的模拟是基于（3D+1）非线性薛定谔方程的数值计算。计算结果可以给出激光光强和电子密度的全时空分布，很多物理机制的提出都是依靠了（3D+1）非线性薛定谔方程模拟。

2.1 基本理论

强激光脉冲在大气中传输会产生多种线性效应和非线性效应，如衍射、群速度色散、克尔效应、多光子电离，以及等离子体散焦等。一般，人们利用（3D+1）维和（2D+1）维的非线性薛定谔方程来描述这些效应。下面我们将详细导出激光在大气中传输的非线性传播方程。

2.1.1 波动方程

根据电磁场的经典理论，散射介质和激光电场的相互作用可以用麦克斯韦方程描述，在国际单位制下可写为：

$$\nabla \times \boldsymbol{E} = -\frac{\partial \boldsymbol{B}}{\partial t} \tag{2.1}$$

$$\nabla \times \boldsymbol{H} = \frac{\partial \boldsymbol{D}}{\partial t} + \boldsymbol{J} \tag{2.2}$$

$$\nabla \cdot \boldsymbol{D} = \rho \tag{2.3}$$

$$\nabla \cdot \boldsymbol{B} = 0 \tag{2.4}$$

及物质方程为：

$$\boldsymbol{D}=\varepsilon_0\boldsymbol{E}+\boldsymbol{P} \tag{2.5}$$

$$\boldsymbol{H}=\frac{1}{\mu_0}\boldsymbol{B}-\boldsymbol{M} \tag{2.6}$$

$$\boldsymbol{J}=\sigma\boldsymbol{E} \tag{2.7}$$

式中的 $\boldsymbol{J}$ 和 ρ 分别为介质中的自由电流密度和自由电荷密度，$\boldsymbol{M}$ 为磁化强度，σ 为介质的电导率，$\boldsymbol{p}$ 是介质的极化强度。对（2.1）两边取旋度可得：

$$\nabla\times\nabla\times\boldsymbol{E}=-\frac{\partial}{\partial t}(\nabla\times\boldsymbol{B}) \tag{2.8}$$

将（2.2）式代入（2.8）式可得：

$$\begin{aligned}\nabla\times\nabla\times\boldsymbol{E}&=\nabla(\nabla\cdot\boldsymbol{E})-\nabla^2\boldsymbol{E}\\&=-\mu_0\frac{\partial^2\boldsymbol{D}}{\partial t^2}-\mu_0\frac{\partial\boldsymbol{J}}{\partial t}\end{aligned} \tag{2.9}$$

由于光与物质相互作用主要是电场作用，可以假定介质是非磁性的，而且初始时无自由电荷，即 $\boldsymbol{M}=\boldsymbol{0}$, $\rho=0$, $\boldsymbol{J}=0$。

$$\nabla\cdot\varepsilon\boldsymbol{E}=\varepsilon\nabla\cdot\boldsymbol{E}+\boldsymbol{E}\nabla\varepsilon=0 \tag{2.10}$$

对（2.10）式分析可知 $\nabla\cdot\boldsymbol{E}=-\boldsymbol{E}\nabla\varepsilon/\varepsilon$。一般来说，对于均匀各向同性介质 $\nabla\varepsilon$ 是非常小的，可以忽略，尤其当缓慢变化包络近似有效时，这一假设得到了很好的满足，因此（2.9）式可以重新写为：

$$\nabla^2\boldsymbol{E}=\frac{1}{c^2}\frac{\partial^2\boldsymbol{E}}{\partial t^2}+\mu_0\frac{\partial^2\boldsymbol{P}}{\partial t^2} \tag{2.11}$$

式（2.11）称为波动方程，描述了光波在介质中的传播。光在介质中传播时，若考虑到非线性相互作用，则极化强度应包含线性项和非线性项，即

$$\boldsymbol{P}=\boldsymbol{P}_{\mathrm{L}}+\boldsymbol{P}_{\mathrm{NL}} \tag{2.12}$$

当光电场强度很低时，只考虑线性项 $\boldsymbol{P}_{\mathrm{L}}$，$\boldsymbol{P}\propto\boldsymbol{E}$。当光电场强度较高时，必须考虑 $\boldsymbol{P}$ 的高阶贡献。这个非线性响应是由应用电场对束缚电子的简谐运动影响引起的。当光频与介质共振频率接近时，$\boldsymbol{P}$ 的计算必须采用量子力学的方法。但在远离介质共振频率处，$\boldsymbol{P}$ 和 $\boldsymbol{E}$ 的关系式可唯象地写成

$$P(t)=\epsilon_0\left(\ddot{x}^{(1)}\cdot E(t)+\ddot{x}^{(2)}:E(t)E(t)+\ddot{x}^{(3)}\vdots E(t)E(t)E(t)\right)+\cdots \quad (2.13)$$

式中，$\ddot{x}^{(j)}$ 是 $j+1$ 阶张量，$\ddot{x}^{(1)}$ 是线性极化率，它是对极化强度 $P(t)$ 的主要贡献，它的效应包含在折射率 n 和吸收系数 α 中。$\ddot{x}^{(2)}$和 $\ddot{x}^{(3)}$ 是非线性极化率，分别描述的是介质的二阶和三阶响应。二阶项可导致二次谐波及差频的产生。然而对于较大数目具有反对称特征的介质，包括气体、液体、非晶固体等，这些中心对称的介质极化率展开的偶次项被消去。展开的高阶项（$\ddot{x}^{(5)}$ 以及更高阶）一般都非常小可以忽略。如果激光场是线性极化的，就可采用标量表示，介质的极化强度就可表示为

$$P(t)=\epsilon_0\chi^{(1)}E(t)+\epsilon_0\chi^{(3)}E^3(t) \quad (2.14)$$

相应的波动方程也可写成标量形式

$$\left(\nabla_\perp^2+\frac{\partial^2}{\partial z^2}\right)E=\frac{1}{c^2}\frac{\partial^2 E}{\partial t^2}+\mu_0\frac{\partial^2 P}{\partial t^2} \quad (2.15)$$

式中，$\nabla_\perp^2$ 为横向拉普拉斯算符；z 是沿传播方向的坐标。另外，频域空间的介电常数定义为：

$$\epsilon(\omega)=1+\chi^{(1)}(\omega) \quad (2.16)$$

式中，$\chi^{(1)}(\omega)$ 通常是复数；$\epsilon(\omega)$ 也是复数，它的实部和虚部分别与折射率 refraction $n(\omega)$ 和吸收系数 $\alpha(\omega)$ 有关，且定义如下：

$$\epsilon(\omega)=[n(\omega)+\mathrm{i}\alpha(\omega)c/2\omega]^2 \quad (2.17)$$

如果在这里忽略介质的吸收，则

$$\epsilon(\omega)=n^2(\omega) \quad (2.18)$$

则方程（2.15）变到频域中可得：

$$\left(\nabla_\perp^2+\frac{\partial^2}{\partial z^2}\right)\tilde{E}(\boldsymbol{r},\omega,z)+k^2(\omega)\tilde{E}(\boldsymbol{r},\omega,z)=-\mu_0\omega^2\tilde{P}_{nl}(\boldsymbol{r},\omega,z) \quad (2.19)$$

其中，$k(\omega)=n(\omega)\omega/c$。方程（2.15）和（2.19）为标量波动方程。

2.1.2 前向 Maxwell 方程

方程（2.19）通过因式分解，可以得到：

$$\left(\frac{\partial}{\partial z}+\mathrm{i}k(\omega)\right)\left(\frac{\partial}{\partial z}-\mathrm{i}k(\omega)\right)\tilde{E}(\boldsymbol{r},\omega,z)=\nabla_\perp^2\tilde{E}(\boldsymbol{r},\omega,z)-\mu_0\omega^2\tilde{P}_{nl}(\boldsymbol{r},\omega,z) \quad (2.20)$$

假定后向传输可以忽略，则 $\frac{\partial}{\partial z}+\mathrm{i}k\omega\approx 2\mathrm{i}k(\omega)$ 。于是，(2.20)式变为：

$$\frac{\partial}{\partial z}\tilde{E}(\mathbf{r},\omega,z)=\mathrm{i}k(\omega)\tilde{E}(\mathbf{r},\omega,z)+\frac{\mathrm{i}}{2k(\omega)}\nabla_{\perp}^{2}\tilde{E}(\mathbf{r},\omega,z)+\frac{\mathrm{i}\omega}{2\varepsilon_0 n(\omega)c}\tilde{P}_{nl}(\mathbf{r},\omega,z) \quad (2.21)$$

其中真空中的光速 $c=1/\sqrt{\mu_0\varepsilon_0}$ ，方程(2.21)称为前向 Maxwell 方程 [9]，是旁轴传输方程的一种，即假定光束的角向频谱的波数远小于沿传播方向的中心波数。此方程可以很好地描述数值孔径和锥角很小的锥形光束的传输。

引入以群速度 v_g 移动的参考系(延时系)

$$\begin{aligned}&\tau=t-\frac{z}{v_g}\\&z=z\\&\frac{\partial}{\partial t}=\frac{\partial}{\partial\tau}\\&\frac{\partial}{\partial z}=\frac{\partial}{\partial z}-\frac{\partial}{v_g\partial\tau}\end{aligned} \quad (2.22)$$

并在频域中作变换，$\frac{\partial}{\partial\tau}\to-\mathrm{i}\omega$ 代入方程(2.20)得：

$$\begin{aligned}\frac{\partial}{\partial z}\tilde{E}(\mathbf{r},\omega,z)=&\mathrm{i}\left(k(\omega)-\frac{\omega}{v_g}\right)\tilde{E}(\mathbf{r},\omega,z)+\frac{\mathrm{i}}{2k(\omega)}\nabla_{\perp}^{2}\tilde{E}(\mathbf{r},\omega,z)\\&+\frac{\mathrm{i}\omega}{2\varepsilon_0 n(\omega)c}\tilde{P}_{nl}(\mathbf{r},\omega,z)\end{aligned} \quad (2.23)$$

在动参考系下，标量波动方程(2.15)可写为：

$$\begin{aligned}&\frac{\partial^2}{\partial z^2}\tilde{E}(\mathbf{r},\omega,z)+2\mathrm{i}\frac{\omega}{v_g}\frac{\partial}{\partial z}\tilde{E}(\mathbf{r},\omega,z)\\&=-\nabla_{\perp}^{2}\tilde{E}(\mathbf{r},\omega,z)-\mathrm{i}\left(k^2(\omega)-\frac{\omega^2}{v_g^2}\right)\tilde{E}(\mathbf{r},\omega,z)-\frac{\omega^2}{\varepsilon_0 c^2}\tilde{P}_{nl}(\mathbf{r},\omega,z)\end{aligned} \quad (2.24)$$

当 $\left|\frac{\partial^2}{\partial z^2}\tilde{E}\right|<<2\frac{\omega}{v_g}\left|\frac{\partial}{\partial z}\tilde{E}\right|$ 时，可以采用慢变化近似对式(2.24)进行简化，最后得到：

$$\frac{\partial}{\partial z}\tilde{E}(\boldsymbol{r},\omega,z)=\frac{\mathrm{i}}{2\omega/v_g}\nabla_\perp^2\tilde{E}(\boldsymbol{r},\omega,z)+\mathrm{i}\frac{k^2(\omega)-\omega^2/v_g^2}{2\omega/v_g}\tilde{E}(\boldsymbol{r},\omega,z)+\mathrm{i}\frac{v_g\omega^2}{2\varepsilon_0c^2}\tilde{P}_{nl}(\boldsymbol{r},\omega,z) \tag{2.25}$$

此方程是利用慢变化近似得到的波动方程又称为前向波动方程，与前向 Maxwell 方程（2.21）的差值是关于$1-\frac{v_g n(\omega)}{c}$的一阶或二阶无穷小量。另外在慢变近下，$\left|\frac{\partial}{\partial z}\tilde{E}\right|<<\frac{\omega}{v_g}\left|\tilde{E}\right|$，两者几乎是相同的。

2.1.3 非旁轴方程

前向 Maxwell 方程（FME）和前向波动方程（FWE）都是旁轴传输方程。下面介绍非旁轴传输方程，即 Unidirection Pulse Propagation Equation（UPPE）。

把标量波动方程（2.15）的时间和空间坐标都作傅里叶变换到频域中，可写为：

$$\frac{\partial^2}{\partial z^2}\tilde{E}(k_\perp,\omega,z)+\left(k^2(\omega)-k_\perp^2\right)\tilde{E}(k_\perp,\omega,z)=-\mu_0\omega^2\tilde{P}_{nl}(k_\perp,\omega,z) \tag{2.26}$$

令$K_z(\omega,k_\perp)=\sqrt{k^2(\omega)-k_\perp^2}$，将式（2.26）因式分解得：

$$\left(\frac{\partial}{\partial z}+\mathrm{i}K_z(\omega,k_\perp)\right)\left(\frac{\partial}{\partial z}-\mathrm{i}K_z(\omega,k_\perp)\right)\tilde{E}(\boldsymbol{k}_\perp,\omega,z)=-\mu_0\omega^2\tilde{P}_{nl}(\boldsymbol{k}_\perp,\omega,z) \tag{2.27}$$

在这里仍只考虑前向传输，假定$\frac{\partial}{\partial z}+\mathrm{i}K_z\sim2\mathrm{i}K_z$，则可得到非旁轴传输方程：

$$\frac{\partial}{\partial z}\tilde{E}(\boldsymbol{k}_\perp,\omega,z)=\mathrm{i}K_z(\omega,k_\perp)\tilde{E}(\boldsymbol{k}_\perp,\omega,z)+\mathrm{i}\frac{\omega^2}{2K_z(\omega,k_\perp)c^2}\tilde{P}_{nl}(\boldsymbol{k}_\perp,\omega,z) \tag{2.28}$$

2.1.4 包络传输方程

在慢变包络近似下，对激光脉冲电场引入包络和位相后，可写为：

$$E(\boldsymbol{r},t,z)=A(\boldsymbol{r},t,z)\exp\left(-\mathrm{i}(\omega_0t-k_0z)\right) \tag{2.29}$$

其中，$A(\boldsymbol{r},z,t)$表示激光脉冲包络；ω_0表示中心频率，中心波数

$k_0 = n_0\omega_0 / c$。在动坐标系下可写为：

$$E(\boldsymbol{r},\tau,z) = A(\boldsymbol{r},\tau,z)\exp\left[\mathrm{i}(k_0 - \frac{\omega_0}{v_g})z - \mathrm{i}\omega_0\tau\right] \quad (2.30)$$

对于非线性极化强度也可以写成类似的形式，且包络为 $\tilde{p}_{nl}(\boldsymbol{r},\omega,z)$，代入方程（2.19）式得：

$$\frac{\partial}{\partial z}\tilde{A}(\boldsymbol{r},\omega,z) = \frac{\mathrm{i}}{2\kappa(\omega)}\nabla_\perp^2\tilde{A}(\boldsymbol{r},\omega,z) + \mathrm{i}\left(k(\omega)-\kappa(\omega)\right)\tilde{A}(\boldsymbol{r},\omega,z) + \frac{\mathrm{i}\omega}{2n_0c\varepsilon_0}\tilde{p}_{nl}(\boldsymbol{r},\omega,z) \quad (2.31)$$

其中，$\kappa(\omega) = k_0 + (\omega-\omega_0)/v_g$。假设 $v_g = c/n_0$，则 $\kappa(\omega) = n_0\omega/c$，代入上式可得：

$$\frac{\partial}{\partial z}\tilde{A}(\boldsymbol{r},\omega,z) = \frac{\mathrm{i}c}{2n_0\omega}\nabla_\perp^2\tilde{A}(\boldsymbol{r},\omega,z) + \mathrm{i}\left(k(\omega)-\kappa(\omega)\right)\tilde{A}(\boldsymbol{r},\omega,z) + \frac{\mathrm{i}\omega}{2n_0c\varepsilon_0}\tilde{p}_{nl}(\boldsymbol{r},\omega,z) \quad (2.32)$$

然后，将非线性包络方程（2.32）从频域空间变换到时域空间。利用

$\kappa(\omega) \to k_0\left(1+\mathrm{i}\frac{k_0'}{k_0}\frac{\partial}{\partial_\tau}\right)$，$k(\omega)-\kappa(\omega) \to \sum_{l=2}^{\infty}\frac{1}{l!}\frac{d^lk}{d\omega^l}\Big|_{\omega_0}\left(\mathrm{i}\frac{\partial}{\partial_\tau}\right)^l$，$\omega \to \omega_0 + \mathrm{i}\partial/\partial_\tau$，

可得：

$$\frac{\partial}{\partial z}A(\boldsymbol{r},\tau,z) = \left(\frac{\mathrm{i}}{2k_0}(1+\frac{\mathrm{i}}{\omega}\partial_\tau)^{-1}\nabla_\perp^2 - \mathrm{i}\frac{k_0'}{k_0}\frac{\partial^2}{\partial z\partial\tau} - \mathrm{i}\frac{k''}{2}\frac{\partial^2}{\partial\tau^2}\right)A(\boldsymbol{r},\tau,z) + \frac{\mathrm{i}\omega}{2n_0c\varepsilon_0}(1+\frac{\mathrm{i}}{\omega}\partial_\tau)p_{nl}(\boldsymbol{r},\tau,z) \quad (2.33)$$

假设 $(1+\frac{\mathrm{i}}{\omega}\partial_\tau) = 1$，可得：

$$\frac{\partial}{\partial z}A(\boldsymbol{r},\tau,z) = \left(\frac{\mathrm{i}}{2k_0}\nabla_\perp^2 - \mathrm{i}\frac{k_0'}{k_0}\frac{\partial^2}{\partial z\partial\tau} - \mathrm{i}\frac{k''}{2}\frac{\partial^2}{\partial\tau^2}\right)A(\boldsymbol{r},\tau,z) + \frac{\mathrm{i}\omega}{2n_0c\varepsilon_0}p_{nl}(\boldsymbol{r},\tau,z) \quad (2.34)$$

该式称为慢变近似下非线性包络方程。

2.1.5 非线性效应

当强飞秒激光脉冲在大气中传输时，对非线性折射率 n_{nl} 的贡献主要有克尔效应和等离子体效应。克尔效应又包括瞬时克尔效应和延迟克尔效应（拉曼效应）。

（1）克尔效应。对于瞬时克尔效应，源于空气的纯电子响应，响应时间低于 1 fs，可以认为是瞬时响应。瞬时克尔效应引起的折射率可以表示为：

$$n_K = n_2\left|A(\boldsymbol{r},t,z)\right|^2 \tag{2.35}$$

其中，n_2 为非线性折射率系数。

对于延迟克尔效应，源于分子转动引起的缓慢响应，对于空气，延迟克尔效应的特征时间 τ_k=70 fs，当脉冲时间的长度与特征时间相当时，由此引起的折射率变化可以写为：

$$n_R = \frac{n_2}{\tau_k}\int_{-\infty}^{\tau}\exp\left(-(\tau-t')/\tau_k\right)\left|A(\boldsymbol{r},t',z)\right|^2\mathrm{d}t' \tag{2.36}$$

对于瞬时和延迟克尔效应，结合实验结果，在数值模拟时通常考虑它们对克尔自聚焦的贡献各占一半[10,11,12]。因此克尔效应引起的总的折射率变化可以写为：

$$n_K = \frac{n_2}{2}\left(\left|A(\boldsymbol{r},\tau,z)\right|^2 + \frac{1}{\tau_k}\int_{-\infty}^{\tau}\exp\left(-(\tau-t')/\tau_k\right)\left|A(\boldsymbol{r},t',z)\right|^2\mathrm{d}t'\right) \tag{2.37}$$

因此，非线性极化强度可写为：

$$p_{nl}(\boldsymbol{r},\tau,z) = \frac{\varepsilon_0 n_0 n_2}{2}\left(\left|A(\boldsymbol{r},\tau,z)\right|^2 + \frac{1}{\tau_k}\int_{-\infty}^{\tau}\exp\left(-(\tau-t')/\tau_k\right)\left|A(\boldsymbol{r},t',z)\right|^2\mathrm{d}t'\right)A(\boldsymbol{r},\tau,z) \tag{2.38}$$

（2）多光子电离与等离子体效应。最后，我们讨论电离效应，包括多光子电离和等离子体散焦效应。所谓电离就是电子从原子中分离出来，这个过程就称为多光子电离（multiphoton ionization（MPI））。一个单电子可以从入射光场中吸收很大数目的光子，一旦电离开始发生，自由电子形成材料中的等离子体，它是使介质的折射率降低的。因此等离子体诱导折射率变化的效应是对激光束产生散焦作用。

考虑电离效应后，需要将波动方程（2.11）重新写成以下形式：

$$\nabla^2 E = \frac{1}{c_0}\frac{\partial^2 E}{\partial t^2} + \mu_0 \frac{\partial^2 P_l}{\partial t^2} + \mu_0 \frac{\partial^2 P_{nl}}{\partial t^2} + \mu_0 \frac{\partial^2 P_{ion}}{\partial t^2} + \mu_0 \frac{\partial J}{\partial t} \tag{2.39}$$

这里需要注意，前面导出的非线性极化强度 P_{nl} 是中性原子介质的贡献。当激光场非常强时，电离对极化的贡献用 P_{ion} 表示。对于上式右边前三项已在上文中讨论，这里将单独考虑式（2.39）右边后两项。

由于电离过程非常快的，因此电离引起介质的极化也是一种瞬时效应。按照经典理论，强场电离过程仍然遵循能量守恒定律：

$$\mathrm{d}\boldsymbol{P}_{ion}(\tau)\cdot\boldsymbol{E}(\tau) = I_P \mathrm{d}n_e(\tau) \tag{2.40}$$

假定极化 $\mathrm{d}\boldsymbol{P}_{ion}(\tau)$ 是由场强 $\boldsymbol{E}(\tau)$ 的方向产生的，因此有

$$\mathrm{d}P_{ion}(\tau) = \frac{I_P}{E(\tau)}\mathrm{d}n_e(\tau) \tag{2.41}$$

对式（2.41）从 $-\infty$ 到 τ 积分，且 $P_{ion}(-\infty)=0$，则

$$P_{ion}(\tau) = \int_{-\infty}^{\tau} \frac{I_p}{E(\tau')}\frac{\partial n_e(\tau')}{\partial \tau'}\mathrm{d}\tau' \tag{2.42}$$

$$\frac{\mathrm{d}^2 P_{ion}(\tau)}{\mathrm{d}\tau^2} = \frac{\mathrm{d}}{\mathrm{d}\tau}\left[\frac{I_p}{E(\tau)}\frac{\partial n_e(\tau)}{\partial \tau}\right] \tag{2.43}$$

自由电子密度概率方程为

$$\frac{\partial n_e}{\partial \tau} = W(N - n_e) \tag{2.44}$$

对于短激光脉冲，自由电子一般是由多光子过程和隧穿过程产生的。当激光峰值强度 $I < 10^{12}$ W/cm^2，则电离过程只有多光子电离。大气的首要组成成分是氮气和氧气，因此总的光电离率可近似写为 $W = 0.8W_{N_2} + 0.2W_{O_2}$。电子的几率密度方程可写为

$$\frac{\partial n_e}{\partial \tau} = \frac{\beta^{(K)}}{K\hbar\omega_0}|A|^{2K}(1-\frac{n_e}{N}) \tag{2.45}$$

式中，$\beta^{(K)}$ 为多光子吸收系数，$K=10$ 平均电离能 $U_{ion}=14.6$ eV，$\beta^{(10)}=1.27\times10^{-126}$ cm^{17}/W^9。

将方程（2.45）代入（2.43），可得：

$$\frac{\mathrm{d}^2 P_{ion}(\tau)}{\mathrm{d}\tau^2} = -\mathrm{i}\omega\beta^{(K)}|A|^{2K-2}(1-\frac{n_e}{N})A \tag{2.46}$$

此时传播方程（2.45）的多光子电离项就变为

$$\mu_0 \frac{\partial^2 P_{ion}}{\partial \tau^2} = -\mathrm{i}k_0 \beta^{(K)} |A|^{2K-2} (1-\frac{n_e}{N})A \tag{2.47}$$

如上所述，电离几率依赖于强的激光强度。这就意味着强度在横向上的变化时，等离子体密度和诱导折射率的变化也非常剧烈。在空气中，电离生成的等离子体，假设电子的运动速度为 v，电子的体密度为 n_e，因此形成等离子体流密度可以写作：

$$J = n_e e v \tag{2.48}$$

当忽略电子间的碰撞，则电子在激光场中的运动满足：

$$m_e \dot{\boldsymbol{v}} = e\boldsymbol{E} \tag{2.49}$$

于是有：

$$\mu_0 \frac{\mathrm{d}J}{\mathrm{d}t} = \frac{\mu_0 n_e e^2}{m_e} E \tag{2.50}$$

对式右边进行整理可以得到：

$$\mu_0 \frac{\mathrm{d}J}{\mathrm{d}t} = \frac{\omega_p^2}{c_0} E \tag{2.51}$$

其中 $\omega_p^2 = e^2 n_e / \varepsilon_0 m_e$ 表示等离子体的频率。由文献 [13] 可知等离子体引起的折射率变化可以表示为：

$$n_p = -\omega_p^2 / 2\omega_0^2 \tag{2.52}$$

联合所有的非线性贡献，激光在大气中传输的非线性包络传播方程就可写为：

$$\begin{aligned}\frac{\partial}{\partial z} A(\boldsymbol{r},\tau,z) = &\left(\frac{\mathrm{i}}{2k_0}\nabla_\perp^2 - \mathrm{i}\frac{k_0'}{k_0}\frac{\partial^2}{\partial z \partial \tau} - \mathrm{i}\frac{k''}{2}\frac{\partial^2}{\partial \tau^2}\right) A(\boldsymbol{r},\tau,z) \\ &+ \mathrm{i}k_0 n_K A(\boldsymbol{r},\tau,z) - \frac{\mathrm{i}k_0}{2}\beta^{(K)} |A|^{2K-2} (1-\frac{n_e}{n_{at}}) A(\boldsymbol{r},\tau,z)\end{aligned} \tag{2.53}$$

2.2 数值方法

强飞秒激光在大气中传输会产生多种线性效应和非线性效应。由于其时空维数多、光学过程复杂，再加上复杂大气环境条件下，理论模型还需要考虑空气折射率的复杂表达形式。比如大气湍流会给空气折射率带来的随机扰动。因此，借助数值模拟方法仍然是该理论研究唯一的解决途径。下面介绍旁轴传输方程和非旁轴传输方程的数值解法 [14-17]，并对大气湍流的基本理论和数值相位屏法作简要介绍。

2.2.1 旁轴传输方程的数值方法

非线性包络模型的薛定谔方程（2.53）可重新写为以下形式：

$$\frac{\partial}{\partial z}\varepsilon(x,y,z,t)=\mathrm{i}D_s\nabla_\perp^2\varepsilon(x,y,z,t)+\mathrm{i}D_t\varepsilon(x,y,z,t)+f(\varepsilon(x,y,z,t)) \quad (2.54)$$

其中，算符 D_s 代表衍射项、D_t 群速度色散项、$f(\varepsilon(x,y,z,t))$ 代表非线性项（包含非线性折射、电子密度和多光子电离）。该方程是一个典型的二阶非线性偏微分方程，涉及时间域和空间域两个部分。由于方程较为复杂，再加上大气条件下，理论模型还需要考虑空气折射率的复杂表达形式，因此，数值模拟方法仍然是唯一的解决途径。目前，发展较为成熟的方法有整步傅里叶法、分步傅里叶法，以及时间傅里叶变换和空间 Crank-Nicolson 法等。

2.2.1.1 分步傅里叶变换法求解

式（2.54）又称为非线性薛定谔方程（NLSE），令

$$\hat{D}_r=\mathrm{i}D_s\nabla_\perp^2;\ D_t=\mathrm{i}D_t \quad (2.55)$$

$$\hat{D}=D_r+D_t \quad (2.56)$$

$$\hat{N}=f(\varepsilon(x,y,z,t)) \quad (2.57)$$

分步傅里叶方法的核心思想是当传输距离 h 很小时，线性作用和非线性作用对脉冲的脉宽和频谱的调制可独立求解，最后获取近似结果。具体来讲，把脉冲在介质中的传输距离按足够小步长 h 分割，光脉冲在介质中从 z 到 $z+h$ 的传输过程可分两步求解：首先，只考虑非线性作用，此时 $\hat{D}=0$；其次，只考虑线性作用，此时 $\hat{N}=0$。最后将两步结果相乘便可近似得到脉冲传播到 $z+h$ 时的光场数值解。

该过程可写为：

$$\begin{aligned}\varepsilon(\boldsymbol{r},\tau,z+h)&=\exp(h\hat{D})\exp(hN)\varepsilon(\boldsymbol{r},\tau,z)\\&=\exp(h\hat{D}_r)\exp(hD_t)\exp(hN)\varepsilon(\boldsymbol{r},\tau,z)\end{aligned} \tag{2.58}$$

若只考虑非线性作用项，方程可简化为：

$$\frac{\partial\varepsilon}{\partial z}=\hat{N}\varepsilon \tag{2.59}$$

该方程的解可直接写成：

$$\varepsilon(\boldsymbol{r},\tau,z+h)=\varepsilon(\boldsymbol{r},\tau,z)\exp(\hat{N}h) \tag{2.60}$$

若只考虑线性作用项，其中算符 $\exp(h\hat{D}_t)$ 在频域内计算，可得：

$$\exp(h\hat{D}_t)\varepsilon_1(\boldsymbol{r},\tau,z)=FT_\tau^{-1}\left\{\exp\left[hD_t(-\mathrm{i}\omega)\right]FT_\tau\left[\varepsilon_1(\boldsymbol{r},\tau,z)\right]\right\} \tag{2.61}$$

其中 FT_τ 表示对时间的傅里叶变换，FT_τ^{-1} 表示对时间逆傅里叶变换，而 $\partial/\partial\tau$ 在频域空间用 $-\mathrm{i}\omega$ 代替。另外，算符 $\exp(h\hat{D}_r)$ 在频域内计算，

$$\exp(h\hat{D}_r)\varepsilon_1(x,y,\tau,z)=FT_{x,y}^{-1}\left\{\exp\left[hD_r(-\mathrm{i}k_x,\mathrm{i}k_y)\right]FT_{x,y}\left[\varepsilon_2(x,y,\tau,z)\right]\right\} \tag{2.62}$$

其中，$FT_{x,y}$ 和 $FT_{x,y}^{-1}$ 表示在横向方向作二次傅里叶变换和逆傅里叶变换，而 $\partial/\partial x$ 和 $\partial/\partial y$ 在频域空间分别用 $\mathrm{i}k_x$ 和 $\mathrm{i}k_y$ 代替，k_x 和 k_y 为横向空间坐标的频域变量，又称径向波数。

在数值模拟中，涉及傅里叶变换的计算一般采取快速傅里叶变换方法，该方法可大大减少计算离散傅里叶变换所需乘法次数，可以大大的节省计算量，且离散化点数越多节省效果越明显。在实际的数值模拟仿真中，设定合适步长 h，利用上述分步傅里叶方法，将 $z+h$ 时的输出的光场作为下一步计算的初始条件，通过不断迭代，就可求解出某个传输距离处激光脉冲光场分布。

2.2.1.2 时间傅里叶变换和空间 Crank–Nicolson 法求解

1）时间域基于傅里叶变换法的处理

为方便求解方程，可将 $\varepsilon(x,y,z,t)$ 的时间变量 t 经傅里叶变换至频域 ω，即

$$\tilde{\varepsilon}(x,y,z,\omega)=\int_{-\infty}^{+\infty}\varepsilon(x,y,z,t)\exp(-\mathrm{i}\omega t)\mathrm{d}t \tag{2.63}$$

可得到频域里的传输方程

$$\frac{\partial}{\partial z}\tilde{\varepsilon}(x,y,z,\omega)=\mathrm{i}D_s\nabla_\perp^2\tilde{\varepsilon}(x,y,z,\omega)+\mathrm{i}D_t\tilde{\varepsilon}(x,y,z,\omega)+f(\tilde{\varepsilon}(x,y,z,\omega)) \tag{2.64}$$

因此，在时间频域里，$\tilde{\varepsilon}(x,y,z,\omega)$ 再对空间变量利用 Crank-Nicolson 算法进行处理并数值求解，得到下一步传输位置 $z+\Delta z$ 处的时间频域里振幅包络 $\tilde{\varepsilon}(x,y,z+\Delta z,\omega)$。然后，再对 $\tilde{\varepsilon}(x,y,z+\Delta z,\omega)$ 进行逆傅里叶变换得到传输位置 $z+\Delta z$ 处时域里的解 $\varepsilon(x,y,z+\Delta z,t)$。

2）空间域基于 Crank-Nicolson 法的处理

在偏微分方程数值求解中，Crank–Nicolson 方法是一种典型的有限差分方法，常用于求解热扩散方程及与其形式类似的偏微分方程。该方法在时间维度上属于隐式的二阶方法，是一种稳定的数值分析算法。

（1）Crank-Nicolson 方法简介

以一个常见的二维空间扩散方程为例，介绍基于 Crank-Nicolson 方法的偏微分方程的具体求解过程。通常二维空间扩散方程可写成以下形式：

$$\frac{\partial u}{\partial z}=D_1\frac{\partial^2 u}{\partial x^2}+D_2\frac{\partial u}{\partial x} \tag{2.65}$$

其中 D_1 和 D_2 是扩散系数。

沿 x 和 z 维度进行离散化处理，并选取合适步长 Δx 和 Δz，则二维离散点坐标可写成（x_j, z_n），其中

$$x_j=x_0+j\Delta x,\ j=0,1,\ \cdots,J \tag{2.66}$$

$$z_n=z_0+n\Delta z,\ n=0,1,\ \cdots,N \tag{2.67}$$

为简化计算，采用 u_j^n 代替 $u(x_j,z_n)$，Crank-Nicolson 方法被作为一种典型的有限差分法来使用，在数值分析中采用差分代替偏微分，当步长 Δx 和 Δz 足够小时，方程（2.65）式中的偏微分近似写成：

$$\frac{\partial u}{\partial z} \approx \frac{u_j^{n+1} - u_j^n}{\Delta z} \tag{2.68}$$

$$\frac{\partial u}{\partial x} \approx \frac{u_{j+1}^n - u_j^n}{\Delta x} \tag{2.69}$$

$$\frac{\partial^2 u}{\partial x^2} \approx \frac{\dfrac{u_{j+1}^n - u_j^n}{\Delta x} - \dfrac{u_j^n - u_{j-1}^n}{\Delta x}}{\Delta x} = \frac{u_{j+1}^n - 2u_j^n + u_{j-1}^n}{(\Delta x)^2} \tag{2.70}$$

将上述差分形式代入公式(2.65)可得：

$$\frac{u_j^{n+1} - u_j^n}{\Delta z} = D_1 \frac{u_{j+1}^n - 2u_j^n + u_{j-1}^n}{(\Delta x)^2} + D_2 \frac{u_{j+1}^n - u_j^n}{\Delta x} \tag{2.71a}$$

整理后可得：

$$u_j^{n+1} = (a+b)u_{j+1}^n + (1-2a)u_j^n + au_{j-1}^n \tag{2.71b}$$

其中系数 a 和 b 表示为 $a = D_1 \dfrac{\Delta z}{(\Delta x)^2}$，$b = D_2 \dfrac{\Delta z}{\Delta x}$。

由公式(2.71)可知，沿传输方向 z 轴上的 z_{n+1} 位置处数值 u_j^{n+1} 取决于沿 x 轴方向三点附近位置 z_n 处的数值 u_{j+1}^n、u_j^n 和 u_{j-1}^n，如图 2.1 所示。

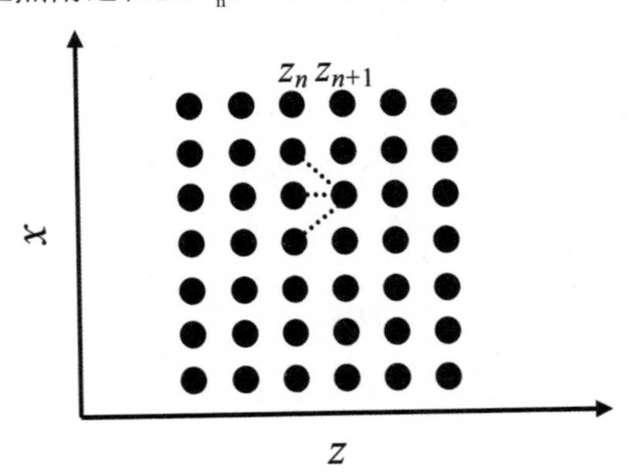

图 2.1 Crank-Nicolson 递推关系示意图

一般来说，上述差分方式引入的数值误差不能满足数值分析的精度要求。中心值差分法常被用来进一步改进 x 方向二阶差分，由(2.70)可得：

$$\frac{\partial^2 u}{\partial x^2} \approx \frac{1}{2}\left[\frac{(u_{j+1}^{n+1} - 2u_j^{n+1} + u_{j-1}^{n+1}) + (u_{j+1}^n - 2u_j^n + u_{j-1}^n)}{(\Delta x)^2}\right] \tag{2.72}$$

将式(2.72)代入公式(2.65)可得：

$$\frac{u_j^{n+1}-u_j^n}{\Delta z}=D_1\left[\frac{(u_{j+1}^{n+1}-2u_j^{n+1}+u_{j-1}^{n+1})+(u_{j+1}^n-2u_j^n+u_{j-1}^n)}{2(\Delta x)^2}\right]+D_2\frac{u_{j+1}^n-u_j^n}{\Delta x} \quad (2.73)$$

式(2.73)左右两侧均可视为以 z 方向 $n+1/2$ 位置为中心做差分，因此式(2.73)在 z 轴上也满足二阶精确。

(2)柱坐标系下的 Crank-Nicolson 算法求解

对于各向同性介质和空间分布中心对称的初始光场而言，可采用柱坐标系。因此，我们将时间频域里直角坐标系下的方程(2.64)变换到柱坐标系，其中算符 $\nabla_\perp^2=\frac{\partial^2}{\partial x^2}+\frac{\partial^2}{\partial y^2}$，变换为 $\nabla_\perp^2=\frac{1}{r}\frac{\partial}{\partial r}\left(r\frac{\partial}{\partial r}\right)$，则方程(2.64)可改写为

$$\frac{\partial}{\partial z}\tilde{\varepsilon}(r,z,\omega)=\mathrm{i}D_s\frac{1}{r}\left[\frac{\partial}{\partial r}\left(r\frac{\partial\tilde{\varepsilon}(r,z,\omega)}{\partial r}\right)\right]+\mathrm{i}D_t\tilde{\varepsilon}(r,z,\omega)+f(\tilde{\varepsilon}(r,z,\omega)) \quad (2.74)$$

然后，沿 r 和 z 维度做离散化处理，并选取合适步长 Δr 和 Δz，则二维离散点坐标可写成 (r_i,z_n)，其中 n 代表 z 方向的格点指标，i 代表 r 方向的格点指标，则

$$r_i=r_0+i\Delta r,\ i=0,1,\ \cdots,n_r$$
$$z_n=z_0+n\Delta z,\ n=0,1,\ \cdots,N$$

为书写简便，记 $\tilde{\varepsilon}_i^n=\tilde{\varepsilon}(r_i,z_n,\omega)$。然后，再在 z 方向上利用 Crank-Nicolson 隐式差分，即

$$\tilde{\varepsilon}_i^{n+0.5}=\frac{\tilde{\varepsilon}_i^{n+1}+\tilde{\varepsilon}_i^n}{2} \quad (2.75)$$

$$\frac{\tilde{\varepsilon}_i^{n+1}-\tilde{\varepsilon}_i^n}{\Delta z}=\mathrm{i}D_s\frac{1}{r_i}\left[\frac{\left(r_{i+0.5}\frac{\tilde{\varepsilon}_{i+1}^{n+1}-\tilde{\varepsilon}_i^{n+1}+\tilde{\varepsilon}_{i+1}^n-\tilde{\varepsilon}_i^n}{2\Delta r}\right)-\left(r_{i-0.5}\frac{\tilde{\varepsilon}_i^{n+1}-\tilde{\varepsilon}_{i-1}^{n+1}+\tilde{\varepsilon}_i^n-\tilde{\varepsilon}_{i-1}^n}{2\Delta r}\right)}{\Delta r}\right]$$
$$+\mathrm{i}D_t\frac{\tilde{\varepsilon}_i^{n+1}+\tilde{\varepsilon}_i^n}{2}+f(\tilde{\varepsilon}_i^{n+0.5})$$

(2.76)

其中利用 $r_{i+0.5}=\frac{r_{i+1}+r_i}{2}$、$r_{i-0.5}=\frac{r_i+r_{i-1}}{2}$ 和 $r_{i+0.5}+r_{i-0.5}=2r_i$，将离散方

程(2.75)经过代数化简并整理可得

$$a_{i+1}^{+}\tilde{\varepsilon}_{i-1}^{n+1}+d_{i+1}^{+}\tilde{\varepsilon}_{i}^{n+1}+c_{i+1}^{+}\tilde{\varepsilon}_{i+1}^{n+1}=a_{i+1}^{-}\tilde{\varepsilon}_{i-1}^{n}+d_{i+1}^{-}\tilde{\varepsilon}_{i}^{n}+c_{i+1}^{-}\tilde{\varepsilon}_{i+1}^{n}+\overline{f_i} \tag{2.77}$$

将方程(2.77)写成矩阵形式

$$\begin{bmatrix} d_1^+ & c_1^+ & 0 & 0 & 0 & 0 & 0 \\ a_2^+ & d_2^+ & c_2^+ & 0 & 0 & 0 & 0 \\ 0 & a_3^+ & d_3^+ & c_3^+ & 0 & 0 & 0 \\ 0 & 0 & a_3^+ & \ddots & \ddots & \vdots & \vdots \\ 0 & 0 & 0 & \ddots & d_{n_r-2}^+ & c_{n_r-2}^+ & 0 \\ 0 & 0 & 0 & \cdots & a_{n_r-1}^+ & d_{n_r-1}^+ & c_{n_r-1}^+ \\ 0 & 0 & 0 & \cdots & 0 & a_{n_r}^+ & d_{n_r}^+ \end{bmatrix} \begin{bmatrix} \tilde{\varepsilon}_0^{n+1} \\ \tilde{\varepsilon}_1^{n+1} \\ \tilde{\varepsilon}_2^{n+1} \\ \vdots \\ \tilde{\varepsilon}_{n_r-3}^{n+1} \\ \tilde{\varepsilon}_{n_r-2}^{n+1} \\ \tilde{\varepsilon}_{n_r-1}^{n+1} \end{bmatrix} = \begin{bmatrix} d_1^- & c_1^- & 0 & 0 & 0 & 0 & 0 \\ a_2^- & d_2^+ & c_2^- & 0 & 0 & 0 & 0 \\ 0 & a_3^- & d_3^- & c_3^- & 0 & 0 & 0 \\ 0 & 0 & a_3^- & \ddots & \ddots & \vdots & \vdots \\ 0 & 0 & 0 & \ddots & d_{n_r-2}^- & c_{n_r-2}^- & 0 \\ 0 & 0 & 0 & \cdots & a_{n_r-1}^- & d_{n_r-1}^- & c_{n_r-1}^- \\ 0 & 0 & 0 & \cdots & 0 & a_{n_r}^- & d_{n_r}^- \end{bmatrix} \begin{bmatrix} \tilde{\varepsilon}_0^{n} \\ \tilde{\varepsilon}_1^{n} \\ \tilde{\varepsilon}_2^{n} \\ \vdots \\ \tilde{\varepsilon}_{n_r-3}^{n} \\ \tilde{\varepsilon}_{n_r-2}^{n} \\ \tilde{\varepsilon}_{n_r-1}^{n} \end{bmatrix} + \begin{bmatrix} \overline{f_0} \\ \overline{f_1} \\ \overline{f_2} \\ \vdots \\ \overline{f_{n_r-3}} \\ \overline{f_{n_r-2}} \\ \overline{f_{n_r-1}} \end{bmatrix}$$

令矩阵 $\boldsymbol{A}$, $\tilde{\varepsilon}_{n+1}$ 和 $\boldsymbol{D}$ 有

$$\boldsymbol{A}=\begin{bmatrix} d_1^+ & c_1^+ & 0 & 0 & 0 & 0 & 0 \\ a_2^+ & d_2^+ & c_2^+ & 0 & 0 & 0 & 0 \\ 0 & a_3^+ & d_3^+ & c_3^+ & 0 & 0 & 0 \\ 0 & 0 & a_3^+ & \ddots & \ddots & \vdots & \vdots \\ 0 & 0 & 0 & \ddots & d_{n_r-2}^+ & c_{n_r-2}^+ & 0 \\ 0 & 0 & 0 & \cdots & a_{n_r-1}^+ & d_{n_r-1}^+ & c_{n_r-1}^+ \\ 0 & 0 & 0 & \cdots & 0 & a_{n_r}^+ & d_{n_r}^+ \end{bmatrix}, \quad \tilde{\varepsilon}_{n+1}=\begin{bmatrix} \tilde{\varepsilon}_0^{n+1} \\ \tilde{\varepsilon}_1^{n+1} \\ \tilde{\varepsilon}_2^{n+1} \\ \vdots \\ \tilde{\varepsilon}_{n_r-3}^{n+1} \\ \tilde{\varepsilon}_{n_r-2}^{n+1} \\ \tilde{\varepsilon}_{n_r-1}^{n+1} \end{bmatrix},$$

$$\boldsymbol{D}=\begin{bmatrix} d_1^- & c_1^- & 0 & 0 & 0 & 0 & 0 \\ a_2^- & d_2^+ & c_2^- & 0 & 0 & 0 & 0 \\ 0 & a_3^- & d_3^- & c_3^- & 0 & 0 & 0 \\ 0 & 0 & a_3^- & \ddots & \ddots & \vdots & \vdots \\ 0 & 0 & 0 & \ddots & d_{n_r-2}^- & c_{n_r-2}^- & 0 \\ 0 & 0 & 0 & \cdots & a_{n_r-1}^- & d_{n_r-1}^- & c_{n_r-1}^- \\ 0 & 0 & 0 & \cdots & 0 & a_{n_r}^- & d_{n_r}^- \end{bmatrix} \begin{bmatrix} \tilde{\varepsilon}_0^{n} \\ \tilde{\varepsilon}_1^{n} \\ \tilde{\varepsilon}_2^{n} \\ \vdots \\ \tilde{\varepsilon}_{n_r-3}^{n} \\ \tilde{\varepsilon}_{n_r-2}^{n} \\ \tilde{\varepsilon}_{n_r-1}^{n} \end{bmatrix} + \begin{bmatrix} \overline{f_0} \\ \overline{f_1} \\ \overline{f_2} \\ \vdots \\ \overline{f_{n_r-3}} \\ \overline{f_{n_r-2}} \\ \overline{f_{n_r-1}} \end{bmatrix}$$

因此,方程(CNE)写成矩阵形式可以化简为一个标准的三对角方程组 $\boldsymbol{A}\tilde{\boldsymbol{\varepsilon}}_{n+1}=$,利用追赶法求解该方程组,即可得 $\tilde{\varepsilon}_{n+1}$,作为下一步传输位置 $z+\Delta z$ 处时间频域里的解,再对 $\tilde{\varepsilon}(r,z+h,\omega)$ 进行逆傅里叶变换得到传输位置 $z+\Delta z$ 处时域里的解 $\varepsilon(r,z+\Delta z,t)$ 。

(3)直角坐标系下的 Crank-Nicolson 算法求解

根据任意场分布的初始条件,可得 $\Delta_{\perp}$ 在直角坐标系下的表达式:

$$\Delta_{\perp}=\frac{\partial^2}{\partial x^2}+\frac{\partial^2}{\partial y^2} \tag{2.78}$$

基于三维空间，使用 Crank-Nicolson 方法来做离散化处理：

$$z_q = z_0 + q\Delta z \text{ , } q=0,1,\ \cdots,\ Q \tag{2.79}$$

$$x_m = x_0 + m\Delta x \text{ , } m=0,1,\ \cdots,\ M \tag{2.80}$$

$$y_l = y_0 + l\Delta y \text{ , } l=0,1,\ \cdots,\ L \tag{2.81}$$

用 $\varepsilon_{m,l}^q$ 表示 $\varepsilon(x_m, y_l, z_q)$，再将（2.58）式写成差分形式：

$$\frac{\partial \varepsilon}{\partial z} \approx \frac{\varepsilon_{m,l}^{q+1} - \varepsilon_{m,l}^q}{\Delta z} \tag{2.82}$$

$$\frac{\partial \varepsilon}{\partial x} \approx \frac{\varepsilon_{m+1,l}^{q} - \varepsilon_{m,l}^q}{\Delta x} \tag{2.83}$$

$$\frac{\partial \varepsilon}{\partial y} \approx \frac{\varepsilon_{m,l+1}^{q} - \varepsilon_{m,l}^q}{\Delta y} \tag{2.84}$$

$$\frac{\partial^2 \varepsilon}{\partial x^2} \approx \frac{1}{2}[\frac{(\varepsilon_{m+1,l}^{q+1} - 2\varepsilon_{m,l}^{q+1} + \varepsilon_{m-1,l}^{q+1}) + (\varepsilon_{m+1,l}^{q} - 2\varepsilon_{m,l}^{q} + \varepsilon_{m-1,l}^{q})}{(\Delta x)^2}] \tag{2.85}$$

$$\frac{\partial^2 \varepsilon}{\partial y^2} \approx \frac{1}{2}[\frac{(\varepsilon_{m,l+1}^{q+1} - 2\varepsilon_{m,l}^{q+1} + \varepsilon_{m,l-1}^{q+1}) + (\varepsilon_{m,l+1}^{q} - 2\varepsilon_{m,l}^{q} + \varepsilon_{m,l-1}^{q})}{(\Delta y)^2}] \tag{2.86}$$

因此

$$\begin{aligned} \Delta_\perp \varepsilon \approx & \frac{1}{2}[\frac{(\varepsilon_{m,l+1}^{q+1} - 2\varepsilon_{m,l}^{q+1} + \varepsilon_{m,l-1}^{q+1}) + (\varepsilon_{m,l+1}^{q} - 2\varepsilon_{m,l}^{q} + \varepsilon_{m,l-1}^{q})}{(\Delta y)^2}] \\ & + \frac{1}{2}[\frac{(\varepsilon_{m+1,l}^{q+1} - 2\varepsilon_{m,l}^{q+1} + \varepsilon_{m-1,l}^{q+1}) + (\varepsilon_{m+1,l}^{q} - 2\varepsilon_{m,l}^{q} + \varepsilon_{m-1,l}^{q})}{(\Delta x)^2}] \end{aligned} \tag{2.87}$$

在数值分析中，如果取 Δ*y*=Δ*x*=Δ，式（2.87）可以简化为：

$$\begin{aligned} \Delta_\perp \varepsilon \approx & \frac{1}{2\Delta^2}\Big[\Big(\varepsilon_{m,l+1}^{q+1} + \varepsilon_{m+1,l}^{q+1} - 4\varepsilon_{m,l}^{q+1} + \varepsilon_{m,l-1}^{q+1} + \varepsilon_{m-1,l}^{q+1}\Big) \\ & + \Big(\varepsilon_{m,l+1}^{q} + \varepsilon_{m+1,l}^{q} - 4\varepsilon_{m,l}^{q} + \varepsilon_{m,l-1}^{q} + \varepsilon_{m-1,l}^{q}\Big)\Big] \end{aligned} \tag{2.88}$$

将式（2.82 ~ 2.88）代入方程（2.78）中可以得到：

$$\begin{aligned} & 2\mathrm{i}k_0 \frac{\varepsilon_{m,l}^{q+1} - \varepsilon_{m,l}^q}{\Delta z} + \frac{1}{2\Delta^2}[(\varepsilon_{m,l+1}^{q+1} + \varepsilon_{m+1,l}^{q+1} - 4\varepsilon_{m,l}^{q+1} + \varepsilon_{m,l-1}^{q+1} + \varepsilon_{m-1,l}^{q+1}) \\ & + (\varepsilon_{m,l+1}^{q} + \varepsilon_{m+1,l}^{q} - 4\varepsilon_{m,l}^{q} + \varepsilon_{m,l-1}^{q} + \varepsilon_{m-1,l}^{q})] + 2\frac{k_0^2}{n_0}\Delta n \varepsilon_{m,l}^q = 0 \end{aligned} \tag{2.89}$$

公式（2.89）就是激光脉冲非线性传输方程的差分形式。

令 $a = \frac{2\mathrm{i}k_0}{\Delta z}$，$b = \frac{1}{2\Delta^2}$ 和 $c = 2\frac{k_0^2}{n_0}\Delta n$，可得到递推公式如下：

$$b\varepsilon_{m+1,l}^{q+1}+(a-4b)\varepsilon_{m,l}^{q+1}+b\varepsilon_{m-1,l}^{q+1}+b\varepsilon_{m,l+1}^{q+1}+b\varepsilon_{m,l-1}^{q+1} \\ =-b\varepsilon_{m+1,l}^{q}+(a+4b-c)\varepsilon_{m,l}^{q}-b\varepsilon_{m-1,l}^{q}-b\varepsilon_{m,l+1}^{q}-b\varepsilon_{m,l-1}^{q} \tag{2.90}$$

因此，通过数值求解方程（2.78）得到递推公式（2.90），这就是非线性传输方程在直角坐标系下的空间域数值解。

（3）电子密度方程数值模拟方法

电子密度也依赖激光电场包络 ε，该方程可写为

$$\frac{\partial n_e}{\partial t}=B|\varepsilon|^{2K}\left(1-\frac{n_e}{n_{at}}\right)+D|\varepsilon|^2 n_e \tag{2.91}$$

其中，B 为多光子电离项。利用一阶向前差商进行数值求解该方程，j 代表 t 方向的格点指标，i 代表 r 方向的格点指标，则 $t_j=t_0+j\Delta t,\ j=0,1,\cdots,n_t$ 指标，

$$\frac{n_e^j-n_e^{j-1}}{\Delta t}=B\frac{\left|\varepsilon^j\right|^{2K}+\left|\varepsilon^{j-1}\right|^{2K}}{2}\left(1-\frac{1}{n_{at}}\frac{n_e^j+n_e^{j-1}}{2}\right)+D|\varepsilon|^2\frac{n_e^j+n_e^{j-1}}{2} \tag{2.92}$$

$$n_e^j-n_e^{j-1}=0.5\Delta tB\left(\left|\varepsilon^j\right|^{2K}+\left|\varepsilon^{j-1}\right|^{2K}\right)\left(1-\frac{1}{n_{at}}\frac{n_e^j+n_e^{j-1}}{2}\right)+\frac{\Delta tD|\varepsilon|^2 n_e^j}{2}+\frac{\Delta tD|\varepsilon|^2 n_e^{j-1}}{2} \tag{2.93}$$

整理得电子密度的迭代关系

$$n_e^j=\frac{\Delta tB|\varepsilon|^{2K}+n_e^{j-1}\left(1-\frac{\Delta tB|\varepsilon|^{2K}}{2n_{at}}+\frac{\Delta tD|\varepsilon|^2}{2}\right)}{1+\frac{\Delta tB|\varepsilon|^{2K}}{2n_{at}}-\frac{\Delta tD|\varepsilon|^2}{2}} \tag{2.94}$$

利用初始条件可以解得电子密度 n_e。

2.2.2 非旁轴传输方程的数值方法

目前，研究激光脉冲传输的更一般的方程是非旁轴传输方程（UPPE），形式如下：

$$\frac{\partial}{\partial z}\tilde{E}(\boldsymbol{k}_\perp,\omega,z)=\mathrm{i}K_z(\omega,k_\perp)\tilde{E}(\boldsymbol{k}_\perp,\omega,z)+\mathrm{i}\frac{\omega^2}{2K_z(\omega,k_\perp)c^2}\tilde{P}_{nl}(\boldsymbol{k}_\perp,\omega,z) \tag{2.95}$$

此方程对 $E(x,y,t,z)$ 的空间变量 x,y 和时间变量 t 同时进行傅里叶

变化得到时空频域里的形式 $\tilde{E}(\boldsymbol{k}_{\perp},\omega,z)$，并在时空频域里直接对方程进行数值求解。此时，方程变为仅处理关于 z 的一个一阶的常微分方程，求解该常微分方程将其解 $\tilde{E}(\boldsymbol{k}_{\perp},\omega,z)$，再作逆傅里叶变换，可得时空域里的解 $E(x,y,t,z)$。

2.2.3 大气湍流下的相位屏近似法

强飞秒激光在大气中的传输必然会受到大气湍流的影响。所谓大气湍流就是一种随机空气运动，是大气中的局部温度、压强等参数的随机变化而引起空气折射率的随机扰动，从而对激光光束在时间和空间上都会有很大的影响。大气湍流可以看作是由许多不同尺度、不同形态的涡结构的组合，初始时刻形成的最大涡旋尺度，即外尺度用 L_0 表示，而最小的涡旋尺度，即内尺度用 l_0 表示。激光在大气中传输时，大气的湍流对折射率的扰动，可以用随机场理论来进行研究。1941 年，Kolmogorov 首先提出了一种局部均匀且各向同性的湍流统计理论[18]，并提出的三个基本假设，建立了大雷诺（Reynolds）数下表征湍流局部结构的基本性质的定律。实际大气环境是非常复杂多变的，湍流也并非都是统计均匀和各向同性。但是在给定的微小区域以及短时间内，仍然可以使用此随机场理论来描述大气湍流。

描述大气湍流的强弱，通常使用大气折射率结构常数 C_n^2[19]，它是空间和时间的函数，C_n^2 越大，大气湍流越强。根据不同地区、不同地形地貌、不同季节气候等因素，C_n^2 存在多种模型，且其模型都只是统计结果，若想进行较为准确的描述需进行实时测量。一般情况下，为了使问题更容易分析，可以使用在典型高度下的 C_n^2 值来构造大气折射率结构常数的模型。Hufnagel 根据实时测量的数据[20]，给出了在 3~24 km 范围内普遍适用经验公式，称为 Hufnagel-Valley（H-V）模型，即折射率结构常数 C_n^2 满足：

$$C_n^2(h)=0.005\,94(v/27)^2(10^{-5}h)^{10}\exp(-h/1\,000)$$
$$+2.7\times10^{-16}\exp(-h/1\,500)+C_0\exp(-h/100) \qquad (2.96)$$

其中 v 表示近地面均方根风速，h 为海拔高度，C_0 为近地面大气结构常数值。

研究激光在大气中传输时,描述湍流折射率起伏变化的三维空间谱密度模型有很多种。不同的功率谱模型基本都是基于 Kolmogorov 湍流理论得出的,可以满足不同参数条件下的实际应用。其中较为常见的有 Kolmogorov 谱、Tataraskii 谱、Von Karman 谱、Hill 谱以及 FreMich 谱等。这些理论谱模型都在一定阶段内被采用,但是均与实际情况在某种程度上存在差异。目前, Tatarskii 谱模型和 von Karman 谱模型继续被采用。

在惯性子区内,折射率起伏的功率谱密度函数可由已确立的制约大气湍流的物理定律描述,根据 Kolmogorov 湍流理论,其功率谱密度 $\Phi_n(\kappa)$ 可表示为:

$$\Phi_n(\kappa)=0.033C_n^2\kappa^{-11/3},\ 1/L_0 \ll \kappa \ll 1/l_0 \tag{2.97}$$

其中 κ 为三维空间波数。这个 Kolmogorov 谱模型,只适用于外尺度 L_0 为无穷大、内尺度 l_0 为 0 的范围。

当大气湍流内尺度的影响不能被忽略时, Kolmogorov 功率谱需要修正。Tataraskii 引入一个本质上截去高波数的函数,于是,得到了 Tataraskii 谱模型:

$$\Phi_n(\kappa)=0.033C_n^2\kappa^{-11/3}\exp(-\kappa^2/\kappa_m^2),\ \kappa>1/L_0 \tag{2.98}$$

其中, $\kappa_m=5.92/l_0$ 是高波数的截止波数。但当 $\kappa=0$ 时该谱存在不可积分的奇点。

Kolmogorov 谱和 Tataraskii 谱在原点都有不可积的奇点。为了克服这一模型的不足, Von Karman 在 Tataraskii 谱模型基础上又进行了修正,得到了 Von Karman 谱模型:

$$\Phi_n(\kappa)=\frac{0.033C_n^2(-\kappa^2/\kappa_m^2)}{(\kappa^2+\kappa_0^2)^{11/6}},\ 0\leqslant\kappa\leqslant\infty \tag{2.99}$$

其中, $\kappa_0=2\pi/L_0$,三维空间波数 κ 为可表示为 $\kappa=\sqrt{\kappa_x^2+\kappa_y^2+\kappa_z^2}$,湍流的外尺度 $L_0=2\pi/m_0$,内尺度 $l_0=2\pi/\kappa_m$ 。实际上, Von Karman 谱是用人为的手段来避免 $\kappa=0$ 处出现奇点的一种方法,但它可以完整表述外尺度和内尺度对传输统计特性的影响。因此,研究大气湍流对强飞秒激光在大气中的成丝传输的影响,常采用修正的 von Karman 谱模型来描述[21,22]。

对强飞秒激光在大气湍流中的传输,常采用相位屏近似处理的方法来进行数值模拟。相位屏法的原理是：在光源与观察屏之间的传输路径上人为地插入多个相位屏，亦即将传输路径分为 N 段，每一段的传输距离 $\Delta z = z / N$。两个相邻相位屏之间采用衍射积分公式、求解微分方程常采用的差分法和傅里叶变换方法得到第二个相位屏上光场分布。在每个相位屏的开始插入一个由大气湍流对激光束造成的相位畸变作为一个相位屏。然后，此畸变光束在理想大气中作距离为 Δz 的传输。然后进行下一个屏上的光场计算，最终得到观察屏上的光场分布[23]。设置多相位屏法的示意图如图 2.2 所示。

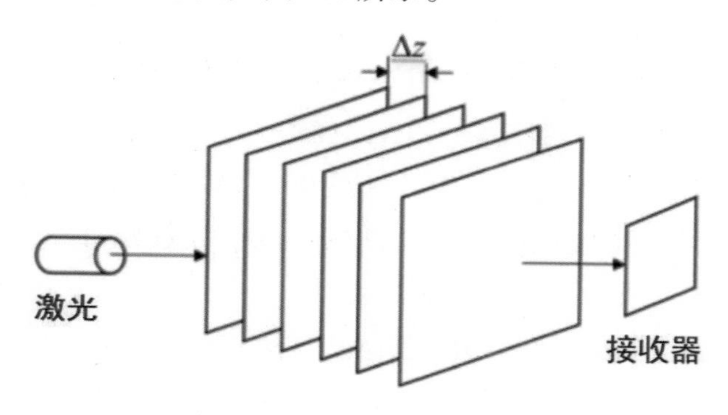

图 2.2　多相位屏法示意图[23]

通过对一复高斯随机数矩阵用大气湍流的功率谱进行滤波，然后进行逆傅里叶变换，可以得到湍流造成的相位畸变：

$$\theta'(x,y) = \kappa\sqrt{2\pi\Delta_z}\int_{-\infty}^{+\infty}\mathrm{d}\kappa_x\int_{-\infty}^{+\infty}\mathrm{d}\kappa_y \exp\left[\mathrm{i}\left(\kappa_x x + \kappa_y y\right)\right]\Phi_n^{1/2}\left(\kappa_x,\kappa_y\right)a\left(\kappa_x,\kappa_y\right) \tag{2.100}$$

这里 $a\left(k_x,k_y\right)$ 是 2 维高斯复随机函数。在数值模拟研究中，式（2.100）可以写成：

$$\theta'\left(j\Delta x, l\Delta y\right) = \sum_{n=0}^{N_x}\sum_{m=0}^{N_y}\left[a\left(n,m\right) + \mathrm{i}b\left(n,m\right)\right]\exp\left[2\pi\left(\frac{jn}{N_x} + \frac{lm}{N_y}\right)\right] \tag{2.101}$$

式中，Δx 和 Δy 是 x 和 y 坐标方向的网络间距；$L_x = \Delta x N_x$，$L_y = \Delta y N_y$ 是坐标空间的相屏的大小；$a(n,m)$ 和 $b(n,m)$ 是平均值为 0 的高斯随机数，它们的方差满足：

$$\left\langle a^2\left(n,m\right)\right\rangle = \left\langle b^2\left(n,m\right)\right\rangle = \Delta\kappa_x\Delta\kappa_y\Phi_\theta\left(n\Delta\kappa_x, m\Delta\kappa_y\right) \tag{2.102}$$

$$\Phi_\theta\left(n\Delta\kappa_x, m\Delta\kappa_y\right) = 2\pi k^2\Delta z\Phi_n\left(\kappa_x,\kappa_y,\kappa_z = 0\right) \tag{2.103}$$

用上述方法产生的相位屏往往忽略了低频效应，而低频效应往往起着重大的贡献。采用 Rod Frehlich 的 *SH* 方法，将相位屏的低频信息可以表示为：

$$\theta_{SH}\left(J\Delta x, l\Delta y\right)=\sum_{p=1}^{N_p}\sum_{n=-1}^{1}\sum_{m=-1}^{1}\left[a\left(n,m,p\right)+\mathrm{i}b\left(n,m,p\right)\right]\exp\left[2\pi\mathrm{i}\left(\frac{jn}{3^p N_x}+\frac{lm}{3^p N_y}\right)\right] \tag{2.104}$$

式中，p 是次谐波级数，$a\left(n,m,p\right)$ 和 $b\left(n,m,p\right)$ 是平均值为 0 的高斯随机数，其方差为：

$$\left\langle a^2\left(n,m,p\right)\right\rangle=\left\langle b^2\left(n,m,p\right)\right\rangle=\Delta\kappa_{xp}\Delta\kappa_{yp}\Phi_\theta\left(n\Delta\kappa_{xp}, m\Delta\kappa_{yp}\right) \tag{2.105}$$

其中，$\Delta\kappa_{xp}=\Delta\kappa_x/3^p$，$\Delta\kappa_{yp}=\Delta\kappa_y/3^p$。

把式（2.101）和（2.104）相应值相加得出最终相屏上的相位值

$$\theta\left(j\Delta x, l\Delta y\right)=\theta'\left(j\Delta x, l\Delta y\right)+\theta_{SH}\left(J\Delta x, l\Delta y\right) \tag{2.106}$$

湍流大气造成的大气折射率扰动为：

$$n'=-\theta\left(j\Delta x, l\Delta y\right)/\kappa z \tag{2.107}$$

参考文献

[1] Yu J, Mondelain D, Kasparian J, et al. Sonographic probing of laser filaments in air[J]. Applied optics, 2003, 42（36）: 7117-7120.

[2] 郝作强，张杰，俞进，等．离子体通道的声学诊断方法 [J]. 物理，2004, 33（06）: 0-0.

[3] Tzortzakis S, Prade B, Franco M, et al. Time-evolution of the plasma channel at the trail of a self-guided IR femtosecond laser pulse in air[J]. Optics communications, 2000, 181（1-3）: 123-127.

[4] Schillinger H, Sauerbrey R. Electrical conductivity of long plasma channels in air generated by self-guided femtosecond laser pulses[J]. Applied Physics B: Lasers & Optics, 1999, 68（4）: 1.

[5] Tzortzakis S, Franco M A, André Y B, et al. Formation of a conducting channel in air by self-guided femtosecond laser pulses[J]. Physical Review E, 1999, 60 (4): R3505.

[6] Ladouceur H D, Baronavski A P, Lohrmann D, et al. Electrical conductivity of a femtosecond laser generated plasma channel in air[J]. Optics communications, 2001, 189 (1-3): 107-111.

[7] 郝作强，张杰，俞进，等．空气中激光等离子体通道的荧光探测和声学诊断两种方法的比较实验研究 [J]. 物理学报，2006，55（1）：299-303.

[8] Liu J, Duan Z, Zeng Z, et al. Time-resolved investigation of low-density plasma channels produced by a kilohertz femtosecond laser in air[J]. Physical Review E, 2005, 72 (2): 026412.

[9] Couairon A, Brambilla E, Corti T, et al. Practitioner's guide to laser pulse propagation models and simulation[J]. The European Physical Journal Special Topics, 2011, 199 (1): 5-76.

[10] Nibbering E T J, Grillon G, Franco M A, et al. Determination of the inertial contribution to the nonlinear refractive index of air, N2, and O2 by use of unfocused high-intensity femtosecond laser pulses[J]. JOSA B, 1997, 14 (3): 650-660.

[11] Nurhuda M, Van Groesen E. Effects of delayed Kerr nonlinearity and ionization on the filamentary ultrashort laser pulses in air[J]. Physical Review E, 2005, 71 (6): 066502.

[12] Ripoche J F, Grillon G, Prade B, et al. Determination of the time dependence of n2 in air[J]. Optics Communications, 1997, 135 (4-6): 310-314.

[13] Esarey E, Sprangle P, Krall J, et al. Self-focusing and guiding of short laser pulses in ionizing gases and plasmas[J]. IEEE journal of quantum electronics, 1997, 33 (11): 1879-1914.

[14] Ma C, Lin W. Parallel simulation for the ultra-short laser pulses' propagation in air[J]. arXiv preprint arXiv, 2015: 1507.05988.

[15] Pitts T A, Laine M R, Schwarz J, et al. Numerical modeling considerations for an applied nonlinear Schrödinger equation[J].

Applied optics, 2015, 54（6）：1426–1435.

[16] Chiron A, Lamouroux B, Lange R, et al. Numerical simulations of the nonlinear propagation of femtosecond optical pulses in gases[J]. The European Physical Journal D–Atomic, Molecular, Optical and Plasma Physics, 1999, 6（3）：383–396.

[17] 马存良．强激光自聚焦成丝数值与理论研究 [D]. 成都：西南交通大学, 2017.

[18] 吴键, 杨春平, 刘建斌．大气中的光传输理论 [M]. 北京：北京邮电大学出版社, 2005.

[19] Davis J I. Consideration of atmospheric turbulence in laser systems design [J]. Applied Optics, 1966, 5（1）：139–147.

[20] Andrews L C, Phillips R L. Laser beam propagation through random media [M]. Bellingham：SPIE Press, 1998.

[21] Johansson E M, Gavel D T. Simulation of stellar speckle imaging[C]//Amplitude and Intensity Spatial Interferometry II. International Society for Optics and Photonics, 1994, 2200：372–383.

[22] Tatarski V I. The Effects of the Turbulence Atmosphere on the Wave Propagation（Springfield V. Reproduced by National Technical Information Service）[R]. US Dept. of Commerce, 1971.

[23] 饶瑞中．现代大气光学 [M]. 北京：科学出版社, 2012.

第3章

强飞秒环形高斯光在大气中成丝传输的特性

3.1 引言

近年来,随着激光应用技术的发展,各种非传统形状的光束,比如,贝塞尔光束、艾里光束、拉盖尔-高斯光束(也称空心光束)、涡旋光束,以及环状光束等,因为其具有特殊的物理性质及优点而相继产生。实际上不同形状的光束可以成功地应用于不同的领域,比如,在光操纵方面,贝塞尔光束[2,3]和艾里光束[4]就可以同时俘获几个粒子,以及在60 μm的微粒子中可传输50 cm,这是传统的高斯光束和平顶光束做不到的;在原子光学领域,拉盖尔-高斯光束和涡旋光束已成功地应用于原子引导[5,6],而且也表明贝塞尔光束可以产生细长的原子阱,这也都是高斯光束不能做到的;环状光束和高斯光束联合起来可以实现新的成像技术,受激发送损耗显微镜(STED)[7,8];最后,它们在生物领域里也有独特的应用,比如通过光注射进行细胞转染,利用贝塞尔光束可以排除在软细胞膜上的精确聚焦需要,使整个操作过程更有效。图3.1展示了几种常见的光束形状的强度分布。

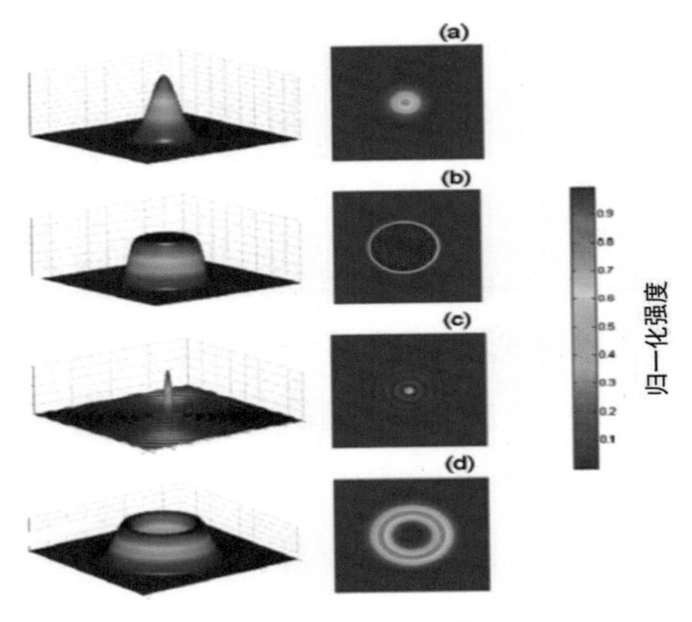

图 3.1　强度分布图 [1]

(a)高斯光束;(b)平顶光束;(c)贝塞尔光束;(d)环状光束

实际上,像一阶贝塞尔光束、高阶拉盖尔 - 高斯光束、艾里光束、涡旋光束等都可以统称为“环状光束(annular beam)”[1],它是指沿光束轴中心光强为零的任何光束,也称“空心光束”或“暗中空光束(Hollow Laser Beam)”,其光束截面及其径向强度分布如图 3.2 所示。为了更好地描述空心光束,除了一些常用的光束参数外,定义一些特殊的参数来描述空心光束的空间属性。这些特殊的参数如下所示:①暗斑尺寸(DSS)定义为空心光束凹口内侧径向光强分布的半高全宽;②束宽(W_{DHB})定义为空心光束凹口外侧径向光强分布最大值的 $1/e^2$ 的全宽;③光束半径(r_0)定义为光束中心位置与最大径向强度位置之间的距离;④光束的环宽(W_r)定义为径向光强分布的最大值 $1/e^2$ 的全宽;⑤光束的束宽半径比(WRR)定义为光束环宽与光束半径的比例,即

$$WRR=\frac{W_r}{r_0}=\frac{W_{DHB}}{r_0}-2 \tag{3.1}$$

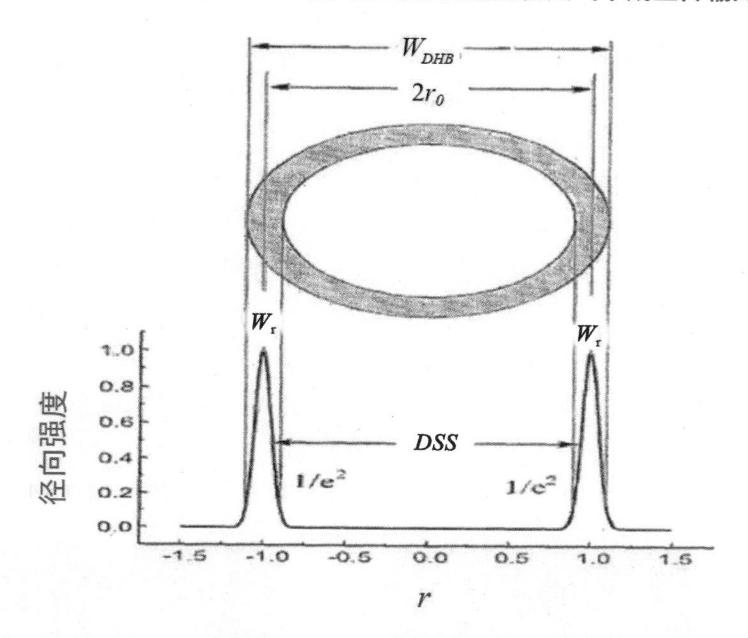

图 3.2 空心光束的横截面及其径向强度分布 [1]

由于空心光束具有一系列新颖独特的物理性质，如桶状强度分布、较小的暗斑尺寸（DSS）和传播不变性，并且具有自旋与轨道角动量等，空心光束作为激光导管、光学镊子（光钳）和光学扳手，目前已成为实现微观粒子（如微米粒子、纳米粒子和生物细胞等）精确操纵和控制的有力工具。因此，空心光束在激光光学、二元光学、计算全息、微观粒子的光学囚禁、材料科学、生物医学等方面有着广泛的应用前景。但在这些领域中不可避免地涉及空心激光束的传输问题。近些年来，国内外科研工作者在空心激光束在大气介质中传输特性的研究也逐渐展开，主要研究的是空心激光束在经过大气介质后的模式变化。陆旋辉等人 [9] 在 2004 年提出了一种新理论模型 – 空心高斯光束模型。这种模型适应于利用几何光学法通过棱锥产生的空心激光束在自由空间中传输时的特性模拟。通过控制光束参数可以方便地调制空心尺寸，导出了空心高斯光束在满足柯林斯公式条件下的傍轴光学系统的解析传输变换式。2006 年，赵华君等人 [10] 研究了双高斯分布的空心光束并计算模拟了它在自由空间的传输特性，结果表明，双高斯空心光束具有稳定的近场传输特性，而在远场光束中心暗斑将消失，此时轴上的光强变为最大，且在中心边缘出现衍射环。在远场，经非线性介质后传输比直接在自由空间中传输的轴上光强增加更快。2007 年，王涛 [11] 等人对部分相干的高阶贝塞尔－谢尔光束在湍流介质中的传输特性进行了模拟，他们利用广义惠更斯－菲涅尔原理推导出了部分相干空心光束在湍流介质传输的数学模型。模拟结果如图 3.3 所示，从图中可以得到带有涡旋相位因子的高斯—谢尔模型光束在传输过程中会从高斯光束转化为空心光束，而随着传输距离的增加，光束会从空心分布逐渐转变为高斯分布。2008 年，蔡建阳等人 [12] 对弱湍流大气环境下的像散空心光束 DHB 进行了很有价值的研究，表明 DHB 的特性与它的相关参数，如暗中空圆半径，波长以及光腰尺寸有关。基于空心光束将在激光通信、激光测距、扫描成像等众多领域中所具有广阔的应用前景。相信对强飞秒环状高斯光束在大气中成丝传输特性的研究也有着非常重要的意义。

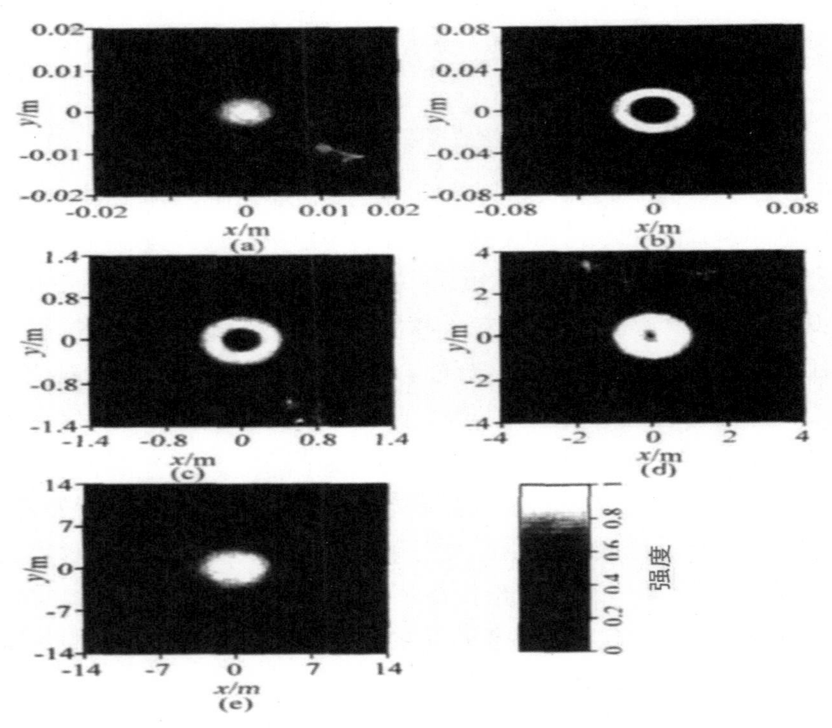

图 3.3　涡旋光束在大气中传输的截面光强分布图 [11]

（a）传输距离分别为：（a）$z=0$ m；（b）$z=0.5$ km；（c）$z=10$ km；（d）$z=30$ km；（e）$z=90$ km

3.2 利用飞秒环状高斯光束在大气中产生扩展光丝

考虑到飞秒激光雷达、遥感探测、激光诱导闪电等实际应用的需要，飞秒激光在大气中长距离传输的问题，仍然是一个人们非常感兴趣而重要的研究课题。我们知道，一个稳定的单光丝可以用一个凸透镜聚焦来产生，但光丝的长度仅会达到几十个厘米或米[13,14]。通过简单地增加输入功率可以扩展光丝的长度，然而当入射功率超过临界功率一个量级时，很快空间上就会形成许多小尺度的光丝，即多光丝产生，它在时间和空间上都是很不稳定的[15]。在以前的工作中，人们通过改变输入脉冲的形状，比如单极位相板[16]、非衍射的贝塞尔光束[17–19]等可将光丝的长度延长2倍。一般，贝塞尔光束可由高斯光束通过锥透镜聚焦产生。几个研究小组已表明，与传统的凸透镜相比，采用锥透镜产生的光丝会传播更长的距离[20,21]。2007年，Roskey等人[22]从理论上研究了锥透镜聚焦的激光脉冲在大气中的非线性传播，预言了伴随着激光束有稀薄的等离子体的产生。另外一些研究小组[23,24]，也利用锥透镜实现了激光在氩气产生等离子体通道，并作为另一个激光束波导。近些年来，由于锥透镜聚焦在非线性光学中，比如光相干断层摄影术[25]、光镊[26]精确的激光操纵[27]等方面的潜在应用价值，已引起了人们的极大关注和研究兴趣。特别是，Scheller等人[28]提出利用第二束低强度的环状缀饰光束通过一个锥透镜，这束光在传播过程中作为能量库为主激光不断地补充能量，结果光丝的长度增加了一个量级，图3.4给出了缀饰光延长光丝的示意图。因此，作为一种新的产生扩展光丝的方法，其中锥透镜的实施是非常有效的[19–21]。

在本小节，我们主要介绍一种新的产生扩展光丝的方案。即利用环形高斯光通过一个光学系统，此光学系统是由一个薄锥透镜和一个石英平凹透镜组成。实际上，利用类似的光学系统来产生光丝的想法，在2009年已由Tzortaakis[29]小组提出，结果观察到等离子体丝的长度被扩展了很多。我们的工作和他们最主要的不同就是输入非线性介质中的是一个环形高斯光束，而不是传统的高斯光束。环形高斯光束也是一种中心强度为零的空心光束。最近几年，利用空心光束，如中空高斯光[30]，艾里光[31]在非线性介质中的传播已引起了人们的极大研究兴趣，因为他们在等离子体、原子光学以及现代光学等[32-35]领域中有着潜在的应用价值。除了这些实际应用，探索环形高斯光丝产生的基本物理过程也是一项非常重要的研究课题。

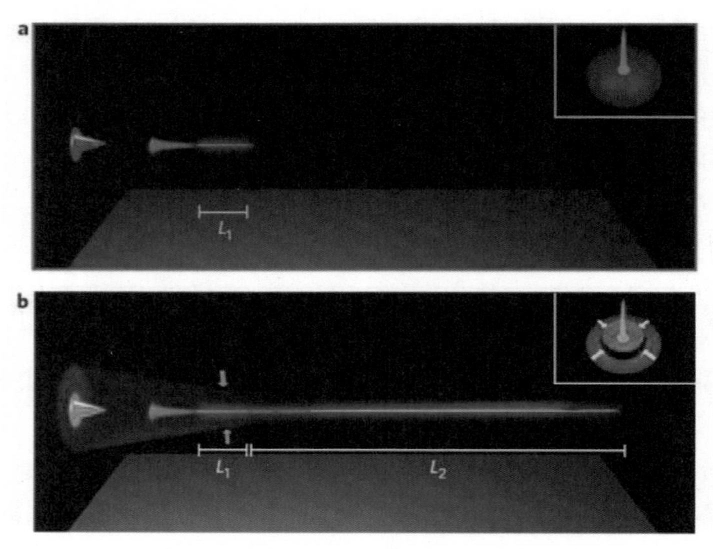

图 3.4　缀饰环状光延长光丝的示意图[28]

（a）只有一束高斯脉冲经过自聚焦塌缩产生光丝传播了 L_1；

（b）同样的激光束在第二束环状光的作用下，光丝的长度扩展到 L_2

3.2.1 理论模型和传播方程

首先，我们讨论锥透镜几何聚焦效应，聚焦方案如图 3.5（a）所示。考虑一个 $40\ \mathrm{fs}$、中心波长为 $\lambda_0 = 80\ \mathrm{nm}$，以及波前半径（$r_0$）较大的激光脉冲通过一组透镜聚焦，这组透镜由一个薄锥透镜和一个石英平凹透镜组成，锥透镜会使环形波在横向平面引入一个线性空间啁啾，正比于 $\exp(-\mathrm{i}Cr)$，其中 C 是一个位相啁啾系数，由锥透镜的几何定义，即 $C \approx 2\pi(n-n_0)\alpha/\lambda_0$（$n_0$, n 分别是空气和锥透镜的折射率，α 是锥透镜的底角），r 是横向坐标。凹透镜的引入实际上改变的是锥透镜的底角，改变后的底角用有效角来表示，即 $\alpha_{\text{eff}}=\alpha+r/[(n-n_0)f]$，其中 f 为凹透镜的焦距。对于此光学系统，图 3.5（a）给出的几何聚焦位置可写为[28,29]：

$$f_z(r)=\frac{r}{C/k_0+r/f} \tag{3.2}$$

这里我们忽略了锥透镜的厚度。为了保证激光成丝的产生，位相啁啾系数 C 和凹透镜的焦距 f 必需满足 $f_z(r)\geqslant 0$。在这里我们选择了 $C=10\ \text{mm}^{-1}$，$f=-8\ \text{m}$。

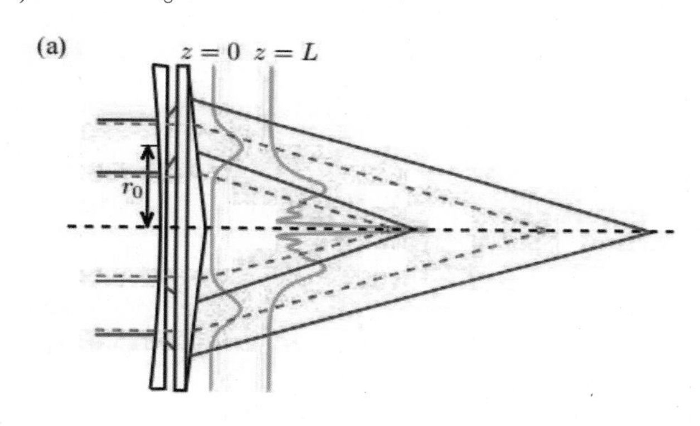

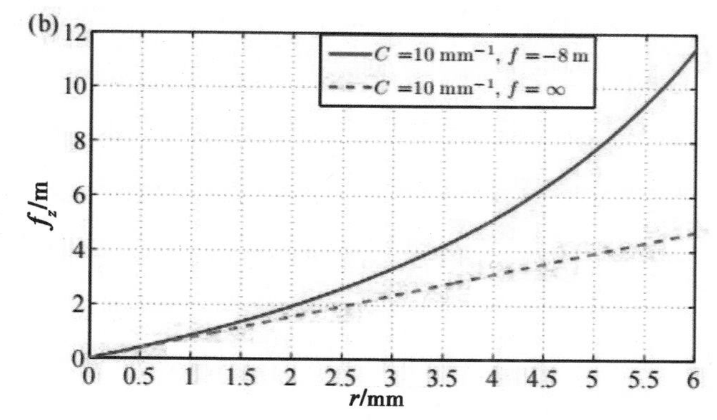

图 3.5 透镜对环形高斯光束的聚焦

（a）环形高斯光束的透镜聚焦示意图，虚线表示只有锥透镜

实线表示光束通过凹透镜和锥透镜的组合，r_0 表示环形光的半径

（b）相应的轴聚焦距离与横向坐标 r 的函数关系曲线图

图 3.5（b）表示的是轴聚焦深度与光束半径的函数关系。从图中可以看出，如果只有锥透镜聚焦、轴聚焦位置与光束半径呈线性关系，

如图 3.5（b）虚线所示。但当凹透镜插入后，轴聚焦位置 f_z 是光束半径 r 的非线性函数，而且轴聚焦的距离明显扩展了很多，光束的半径越大，扩展效应越明显，如图 3.5（b）的实线所示。

当一个环形高斯光束通过一个凹透镜－锥透镜组成的光学系统后，初始入射脉冲可写为

$$A(r,t,z=0)=A_0\exp\left[-\frac{(r-r_0)^2}{\omega_0^2}-\frac{t^2}{\tau_0^2}\right]\times\exp(-\mathrm{i}C_{eff}r) \quad (3.3)$$

式中，A_0，ω_0 和 τ_0 分别是初始电场振幅、e^{-2} 束腰宽度、脉冲宽度。C_{eff} 是有效的位相啁啾系数，它是由有效的透镜底角 α_{eff} 定义的。初始剖面图如图 3.5（a）（$z=0$ 的位置）所示，当传播 L 后，横向膜的形状已发生很大的改变。显然，不仅中心区域显示了很强的非线性效应，而且周围的环形区域也将受到重要的自聚焦效应。这和以前大多数关于类贝塞尔光束 [19,21,29,36,37] 的工作有很大的不同，在那里非线性效应只发生最强的强度中心，外部的环状区域只线性地向中心轴传播。为了描述飞秒激光在大气中的传输的动力学行为，我们模拟柱对称的线性极化激光电场在慢变包络近似下沿传播轴 z 的演化。激光电场包络 $A(r,t,z)$ 的演化可以由 $(3D+1)$ 非线性薛定谔方程与耦合的电子密度方程来描述。电子的产生主要考虑了多光子电离效应。在随脉冲移动的坐标系（$t-\to t-z/v_g, v_g=c, c$ 是真空中的光速）下，耦合方程可写为 [38,40]

$$\frac{\partial A}{\partial z}=\frac{\mathrm{i}}{2k_0}\nabla_\perp^2 A-\mathrm{i}\frac{\beta_2}{2}\frac{\partial^2 A}{\partial t^2}+\mathrm{i}\frac{n_2k_0}{2}|A|^2A-\mathrm{i}k_0\frac{n_e}{2n_c}A-\frac{\beta^{(K)}}{2}|A|^{2K-2}A \quad (3.4)$$

$$\frac{\partial n_e}{\partial t}=\sigma_K|A|^{2K}\left(1-\frac{n_e}{n_{at}}\right) \quad (3.5)$$

式中，$\nabla_\perp^2$ 是拉普拉斯算符，用来描述横向衍射，$k_0=2\pi/\lambda_0$ 中心波数。方程（3.4）右边的第二项是用来描述群速度色散的，其色散系数 $\beta_2=0.2\ \mathrm{fs^2/cm}$。剩下的项给出了与非线性折射率 n_2 有关的自聚焦瞬时克尔效应，其 $n_2=3.2\times10^{-19}\ \mathrm{cm^2/W}$；由于电子密度 n_e 引起的等离子体散焦，以及多光子吸收，系数 $\sigma_K=2.88\times10^{-99}\ \mathrm{cm^{2K}/W^K}$ 和 $\beta_{(K)}=K\hbar w_0\sigma_K=3.1\times10^{-98}\ \mathrm{cm^{2K-3}/W^{K-1}}$，这里我们考虑的是电离一个氧原子所需要的光子数 $K=8$ [38]。

另外，$n_c \approx 1.7\times10^{21}$ cm^{-3}和 $n_{at} = 5.4\times10^{18}$ cm^{-3} 表示临界等离子体密度和初始中性原子密度。这里忽略了延迟的拉曼响应。

在数值求解耦合方程（3.4）和（3.5）时，首先对方程进行无量纲化处理，然后采用时间傅里叶变换和空间 Crank-Nicholson 差分（FCN）解法 [39-41]。初始时，环形高斯光的参数如下：初始脉冲的能量 $E_{in} = 5$ mJ，脉冲持续 $\tau_0 = 40$ fs。环形光的宽度和半径分别是 $\omega_0 = 1$ mm, $r_0 = 3$ mm。

3.2.2 环形高斯光丝的产生

图 3.6（a）为飞秒环形高斯光在大气中传输的等离子体密度的空间布（对数刻度），图 3.6（b）为能量通量 $F(r,z)=\int_{-\infty}^{\infty}\left|A(r,t,z)\right|^2 \mathrm{d}t$ 的分布，以及图 3.6（c）给出轴中心的通量随传播距离的演化。从这些图中，我们可以很清楚地看到飞秒环形高斯光在大气中可产生大约 3 m 长的稳定的光丝。峰值等离子体的密度可达 $10^{16} \sim 10^{17}$ cm^{-3}。在图 3.6（b）中，一对黄线表示光束半径（测量的是通量分布的 e^{-2} 处的半宽）沿着传播轴的演化。近常数的非常窄的直径表示稳定光丝的形成，这和标准光丝的特征是一致的。在这里需要指出的是，尽管光束的半径在传播距离 z=2.87 ~ 4.5 m 变得很小，但实际上光丝并没有真的形成，因为此时的等离子体的密度是比较低的，如图 3.6（a）所示。这一点和传统的高斯光丝的形成是不同的。我们可以这样去理解，因为在相同的入射能量，光束直径，以及脉宽的条件下，环形高斯光的初始最大强度 I_0（在 $r = r_0$ 处）要比高斯光的最大强度（在 $r=0$ 处）低很多，因此，当光束的环形区域由于克尔自聚焦向传播轴收缩时，它的强度是缓慢的增加到 10^{13} W/cm^2 的，相应的通量也是缓慢增加的。这时光束的衍射效应还起着非常重要的作用，它会将聚焦束迅速地散开。这就是为什么在等离子体密度（图 3.6（a））和能量通量（图 3.6（b））分布中有一个破缺，以及轴通量演化中出现一个下降（图 3.6（c））的原因。

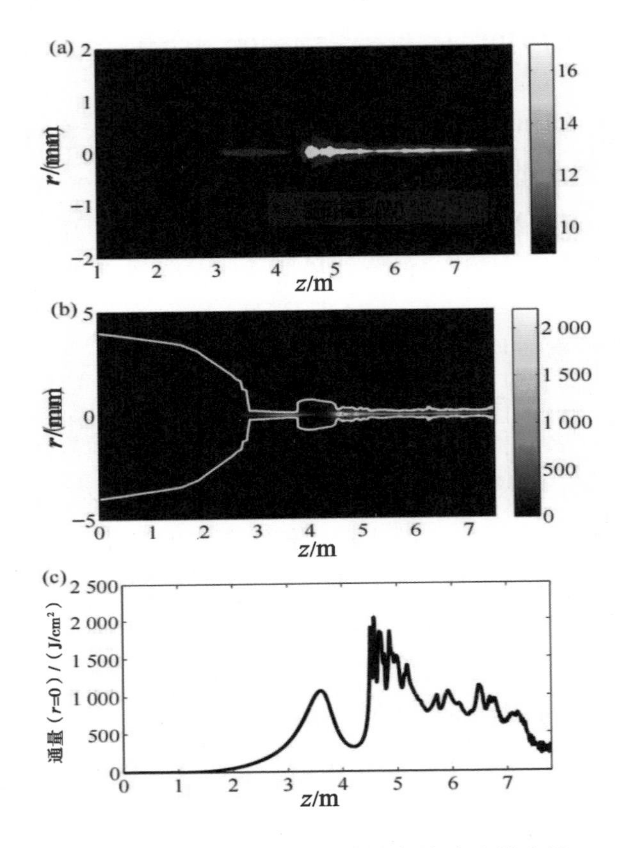

图 3.6　飞秒环形高斯光在大气中产生的光丝

（a）环形高斯光的空间等离子体密度（以 cm^{-3} 为单位）分布（对数刻度）随传播距离 z 的演化。输入能量 $E_{in}=5$ mJ，空间啁啾系数 $C=10$ mm^{-1}，凹透镜的焦距 $f=-8$ m；（b）光束的能量通量（以 J/cm^2 为单位）分布和 z 的变化关系，在通量分布的 e^{-2} 处的半径演化用一对黄线表示；（c）轴上的通量随 z 的变化

3.2.3 凹透镜的扩展效应

为了探索环形高斯光束的成丝机制，我们首先来分析，在激光束传播过程中，透镜所扮演的角色，为此选择几组不同的透镜参数。图 3.7(a) ~ (c) 分别表示环形高斯（$r_0 \neq 0$）和高斯光（$r_0=0$）的最大激光强度 $I_{\max}$，峰值电子密度 $n_{e\max}$ 和总的能量损耗 E_{total} 的演化。凹透镜的焦距 $f=\infty$ 就意味着此光学系统只有锥透镜聚焦。$f=-8$ m 表示凹透镜的

焦距，其中由锥透镜引入的空间啁啾系数 $C=10\ \text{mm}^{-1}$ 。对于一个入射激光脉冲，e^{-2} 处的束腰宽度 $\omega_0=1\ \text{mm}$ ，脉冲宽度 $\tau_0=40\ \text{fs}$ 来说，在相同的入射能量 E_{in}=5 mJ 的条件下，高斯光的初始最大强度要比环形光的最大强度大一个量级。所以当高斯光在大气中仅传播大约 0.059 m，最大强度就达到了钳制强度 [42]，$I\approx[2n_2n_c/(\sigma_K t_p n_{at})]^{1/(K-1)}\approx5.66\times10^{13}\ \text{W/cm}^2$ ，这和我们的数值模拟结果是一致的，如图 3.7(a) 的黑色和红色虚线所示。在这种情况下，激光的能量消耗是非常快的，这就导致光丝的长度缩短，但仍然要比相同条件下凸透镜聚焦所形成的光丝长 [21]。而且，从图 3.7(a) ~ (c) 的黑色和红色虚线中，我们还可以看出，一束高斯光通过凹透镜和锥透镜的组合和只通过锥透镜相比，凹透镜的扩展效应并不明显。

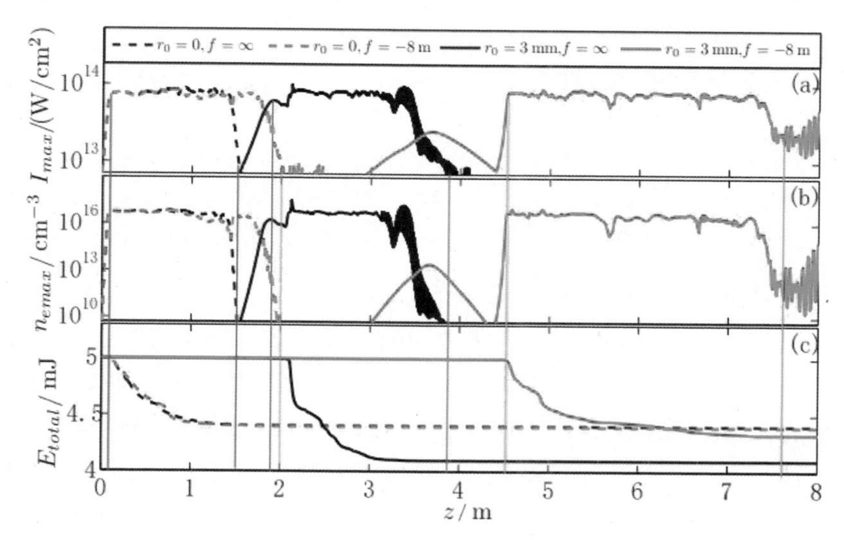

图 3.7 凹透镜对高斯光束和环形高斯光束的扩展效应

（a）激光峰值强度；（b）电子峰值密度；（c）能量损耗随传播距离 z 的变化

其中高斯光（r_0=0，用虚线表示），环形高斯光（r_0=3 mm，用实线表示），没有凹透镜（$f=\infty$，用实线和虚线表示），以及 f=−8 m（实线和虚线表示），所有情况的 C=10 mm^{-1}

在参数和高斯光相同的情况下，环形高斯光在大气中成丝的结果却很不相同。首先，成丝的起点位置延迟了很多，这主要是因为初始输入的能量和高斯光相同的条件下，环形光的峰值功率会降低很多。并且，当环形光通过凹透镜时，凹透镜对激光束起着发散的作用，所以成丝的起点位置进一步延迟，如图 3.7 的黑色和红色实线。这意味着，在这种情况下，自聚焦被抑制，能量损耗得也非常缓慢，这就导致环形高斯光丝长度扩展了很多。而且从这些图中我们也可看出，发散透镜对环形光要比高斯光更敏感。此结果和图 3.5（b）也是一致的，也就是光束的半径越大，几何聚焦距离 f_z 也就扩展得越大。另外，我们还发现，环形高斯脉冲来在大气中传输了大约 3 m，能量降低了 $\Delta E / E_{in}=13.4\%$ 。而高斯脉冲传输了 2 m，能量降低了 $\Delta E / E_{in}=12.1\%$ 。两者相比，环形光的能量损耗就慢一些。缓慢的能量损耗使环形高斯光丝比高斯光丝的长度提高了 1.5 倍。因此利用环形高斯光束来延长等离子体细丝的长度是一种非常有效而可靠的路径。

3.2.4 激光成丝的时间动力学

为了对环形高斯光丝的非线性动力学原理有更深的理解，我们通过和高斯光丝的比较来分析它的时间行为。图 3.8（a）和（b）给出环形高斯光束和高斯光束的时间分布演化。从图 3.8（b）可以看出，虽然高斯光束是通过锥透镜和凹透镜的组成的光学系统，而不是一般的凸透镜，但高斯光的时间动力学仍然遵循的是标准的空间补偿动力学模式。也就是，自聚焦使脉冲前沿峰值增大，电离空气产生等离子体，对后沿的激光产生散焦的作用，因此形成了脉冲前沿（$t<0$）。这时由于多光子电离耗散，脉冲前沿光强减小，降到电离阈值以下，不再产生等离子体，脉冲后沿（$t>0$）自聚焦，将能量补充到中心。比较图 3.8（a）和图 3.8（b），我们发现两种激光脉冲时间分布上的最大的不同就是在光丝形成之前的行为。在环形高斯光束传输的过程中出现了一个对称的月牙形状，这就暗含着脉冲发生劈裂，每个劈裂事件就会导致一个分叉模式，分叉的两个臂相应劈裂脉冲的前沿和尾迹。

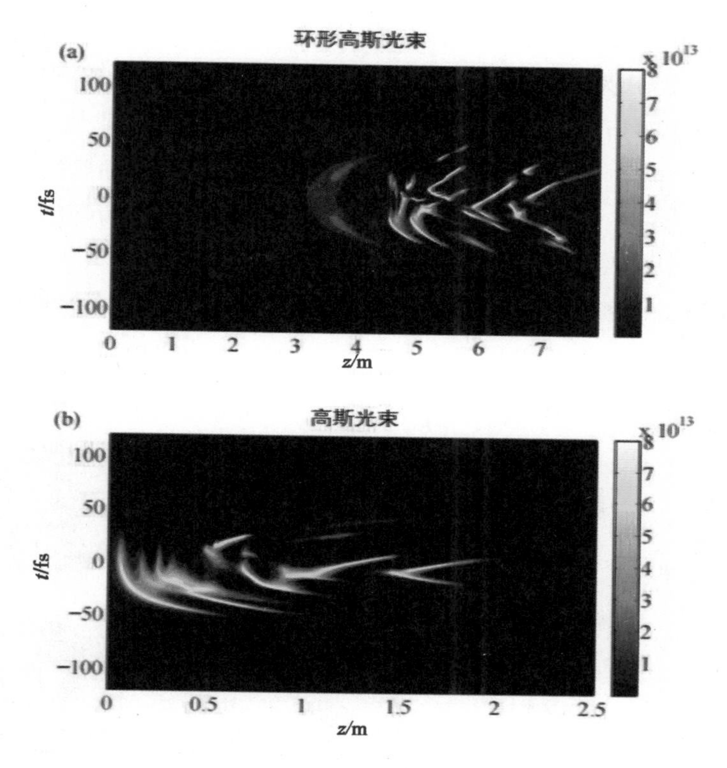

图 3.8　轴上的强度(单位 W/cm^2)的时间分布随传播距离 z 的变化

(a)环形高斯光束;(b)高斯光束。参数 C 和 f 和图 3.6 相同

为了更详细地分析光丝形成之前的动力学行为,图 3.9(a)和(b)给出了环形高斯光束和高斯光束在不同传播位置 z 处的轴上强度的时间分布。我们可以看出,环形脉冲在刚开始传播的一段距离,时间分布仍然是正常的高斯分布。但传播到 z=3.3 m 之后,脉冲开始发生劈裂,两个劈裂峰对称地出现。然后两峰间的时间延迟越来越大,而峰值强度却越来越低。随着激光脉冲的传播,另一个劈裂事件发生。但对于高斯脉冲来说,它一直保持初始的脉冲形状,只是强度在迅速地上升直到光丝的形成。两种不同的现象可以从两激光脉冲的时空强度分布图来解释,如图 3.9(c)和(d)所示。正是因为两激光脉冲初始的横向空间分布不同而导致不同的结果。

对于环形高斯脉冲来说,初始强度在半径为 $\boldsymbol{r_0}$ 处(这里取 $\boldsymbol{r_0}=\mathbf{3\,mm}$)为高斯分布。然后,由于克尔自聚焦,环形波逐渐向传播轴收缩,同时,轴上的中心强度会逐渐增加，传播一定距离后，中心强度会达到最大。比较有趣的是，外环的强度和轴上的强度几乎处于一个量级，如图 3.9（c）的 $z = 3.24$ m 所示。因此，这时外环也足够能引起非线性自聚焦。而且，在脉冲的时间中心（$t = 0$）处，聚焦要比脉冲前沿和后沿快。然而总的能量是一个常数，因此在传播轴上（$r = 0$），$t = 0$ 处的强度比脉冲的前后沿的强度要下降得快，这就导致了脉冲的劈裂，如图 3.9（a）和（c）的 $z = 3.76$ m 处所示。当能量再次从外环区域集聚到中心区域时，两个新的劈裂峰就会出现（见图 3.9（a）和（c）的 $z = 4.48$ m 的位置处）。

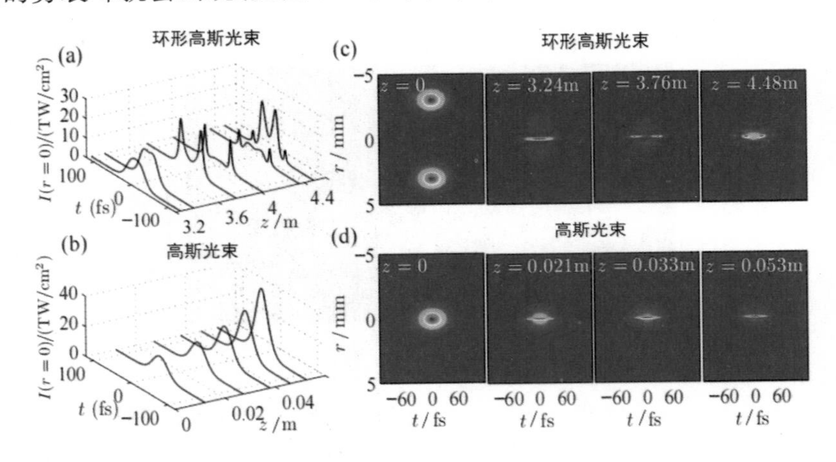

图 3.9　在光丝形成之前，不同传播距离 z 处，激光强度分布图

（b）轴上强度的时间分布；（c）（d）激光强度的时空分布

（c）是环形高斯光束，（b）（d）是高斯光束，参数和 3.8 相同

对于高斯光束脉冲来说。当入射高斯光，$A(r,t,z=0) = A_0 \exp(-r^2/\omega_0^2 - t^2/\tau_0^2 - \mathrm{i}Cr)$，通过一个锥透镜时，线性传播一段距离后会形成贝塞尔光束，$A(r,t,z_{\mathrm{ax}}=0) \propto J_0(Cr)$ [22,36]。从图 3.9（d）的 $z = 0.021$ m 处，也可看出，强的中心区域被弱的尾迹包围。在传播过程中，脉冲的峰值保持强的自聚焦，非线性效应仅发生在强度中心，而外部的环状区域只是线性地向轴上补充能量，这就是图 3.9（b）中一直保持高斯形状的原因。正是因为两激光脉冲在成丝之前的不同传播特性，才导致两种光丝的不同动力学行为。

最后，图 3.10 给出了两种激光脉冲在形成光丝之后在不同的传播位置处的轴上强度时间分布。正如前面所提到的，从图 3.10（b）中，我们可以看出，高斯光束的成丝遵循的是标准的空间补偿动力学模型。然而，我们发现，当一个环状高斯光束开始形成光丝时，劈裂脉冲尾迹的强度会逐渐地降低，相应的中心区域的强度会逐渐增加，如图3.10（a）所示。这就暗含着，在激光脉冲传播的过程中，有一个能量从劈裂脉冲的尾部向中心传输的过程。因此，环形高斯光总的能量损耗是比较慢的（图3.7（c））。另外，我们通过比较图3.10的（a）和（b），可以看出，每当传播相等的距离，环形高斯光丝的再聚焦次数都要比高斯光丝的多。因此，环形高斯光丝被延长了很多。这也意味着，利用环形高斯入射脉冲可能更适合产生长的等离子体通道。我们相信，通过增加入射脉冲的功率，束腰宽度，以及调节合适的透镜参数 C 和 f，等离子体细丝的长度一定会被扩展很多。

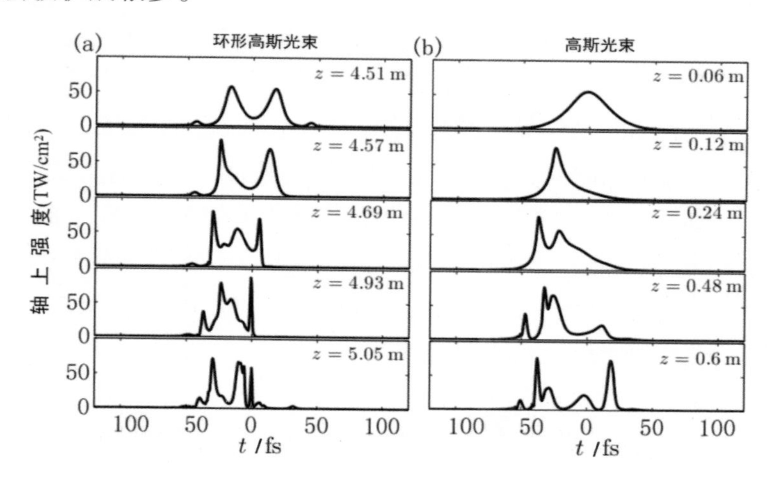

图3.10　光丝形成之后，在不同的传播距离 z 处，轴上强度的时间分布

（a）环形高斯光束；（b）高斯光束，其他参数同图3.8

3.3　几何聚焦参数和激光脉冲参数对环形高斯丝在大气中传输的影响

在前面的工作中，我们主要是对飞秒环形高斯光束在大气中产生扩展光丝的物理机制进行了详细分析，但并没有讨论系统的各项参数对光丝特性的影响。事实上，光丝的起点位置、光丝的长度等离子体密度等都强烈地依赖于这些参数。例如，通过减小透镜的焦距，光丝的强度和等离子体密度都被增强[43,44]；通过改变输入功率和激光脉冲的发散角来调制光丝的起点位置[45]。其他参数，如大气压强、初始强度的分布、光束散光、优化时间调制、中心波长等都在光丝产生的动力学过程中起着重要的作用[46-52]。而我们的工作主要是通过引入能量沉积来优化光学参数，进一步调节和控制等离子体丝的产生。

所谓能量沉积，就是指当强激光在介质传输时，由于分子转动拉曼激发或多光子电离而吸收激光脉冲的能量，从而使能量沉积（或存储）在介质中。能量沉积定义为输出能量和输入能量之比（E_{out}/E_{in}）。马里兰大学的 Milchberg 小组[53-55]，利用成丝过程中超快激光能量吸收产生一个压力脉冲，当激光脉冲通过 100 ns 之后会导致一个单周期的声波产生，之后 1 μs 在气体介质中会留下一个“density hole”。目前，人们对激光能量沉积的研究大多数是在固体和液体中，因为激光能量沉积在凝聚电解质中有着广泛的应用，例如，眼镜的微加工、医学激光手术泡沫的形成，以及海洋学中声波的产生等。本小节将引入能量沉积的概念，详细讨论几何参数、激光脉冲参数对能量沉积和光丝形成的影响，以及激光成丝和能量沉积之间的关系。

3.3.1 几何聚焦参数对激光成丝和激光能量沉积的影响

首先，讨论几何聚焦对光丝的影响。脉冲的输入能量 $E_{in}=5\ \mathrm{mJ}$，脉冲宽度 $\tau_0=40\ \mathrm{fs}$，束腰宽度和环形光束的半径分别是 $\omega_0=1\ \mathrm{mm}$ 和 $r_0=3\ \mathrm{mm}$。图 3.11（a）和（b）给出了凹透镜焦距 $f=-8\ \mathrm{m}$ 和 $f=-4\ \mathrm{m}$ 不同空间啁啾 C 下的峰值等离子体密度的演化。可以看出，当凹透镜焦距 f 固定，空间啁啾 C 强烈地影响光丝的特征。由于空间啁啾 C 正比于锥透镜的底角，较大的位相啁啾系数 C 会导致较强的锥透镜聚焦。因此，随着空间啁啾 C 增加，光丝的起点位置会越接近于激光光源，等离子体通道也会变得越来越稳定，但此时光丝的长度会变短，如图 3.11（a）和（b）中的 $C=20\ \mathrm{mm}^{-1}$ 和 $C=24\ \mathrm{mm}^{-1}$ 所示。这些特性类似于高斯光束的凸透镜聚焦[56]和锥透镜聚焦[59,61]。当 $f=-8\ \mathrm{m}$，空间啁啾系数从 $C=20\ \mathrm{mm}^{-1}$ 降低到 $10\ \mathrm{mm}^{-1}$ 和 $f=-4\ \mathrm{m}$，空间啁啾系数从 $C=24\ \mathrm{mm}^{-1}$ 降低到 $15\ \mathrm{mm}^{-1}$ 时，锥透镜聚焦能力变得越来越平缓，这将导致激光脉冲能量在长距离的非均匀分布。因此，所产生的高强度光丝逐渐从一个稳定的平台变为几个平台，这也意味着光丝的长度被延长了许多。然而，当 $f=-8\ \mathrm{m}$、空间啁啾系数 C 降低到 $9\ \mathrm{mm}^{-1}$［见图 3.11（a）］或 $f=-4\ \mathrm{m}$、空间啁啾系数 C 降低到 $13\ \mathrm{mm}^{-1}$［见图 3.11（b）］时，等离子体通道变得非常不稳定。这是因为锥透镜聚焦不足以平衡凹透镜的散焦。如果 C 进一步降低，光丝将不会再形成。

从激光脉冲的非线性能量沉积很容易看出外部聚焦参数对等离子体丝产生的调控。图 3.11（c）给出了凹透镜焦距 $f=-8\ \mathrm{m}$ 和 $f=-4\ \mathrm{m}$ 两种情况下，能量沉积和空间啁啾 C 的函数关系。从这个模拟结果，我们发现能量沉积和空间啁啾之间的关系不是单调的。这是空间啁啾 C 和凹透镜焦距 f 之间竞争的结果，也是和许多关于锥透镜聚焦光束在非线性介质中产生光丝不同的[57-64]。随着空间啁啾 C 的减小，能量沉积初始时增加，然后降低直到达到零为止。这个结果和图 3.11（a）和（b）是一致的。激光脉冲的能量沉积主要是由于多光子电离引起等离子体产生，这也意味着更多的能量沉积产生更多的等离子体。因此，在最大能量沉积附近调节透镜参数，飞秒环形高斯脉冲是适合长距离传播的如图 3.11（a）~（c）所示。然而，光丝的长度还依赖于整个等离子体的高密度部分。这也是为什么最长的光丝不是在最大的能量沉积处产生的原因。另外，从图 3.11（c）中可看出，锥透镜焦距越小，底角越大，说明对光束的散焦作用越大。这也是为什么当凹透镜焦距从 $f=-8\ \mathrm{m}$ 变到 $f=-4\ \mathrm{m}$ 时，能量沉积转移到较大的空间啁啾的原因。

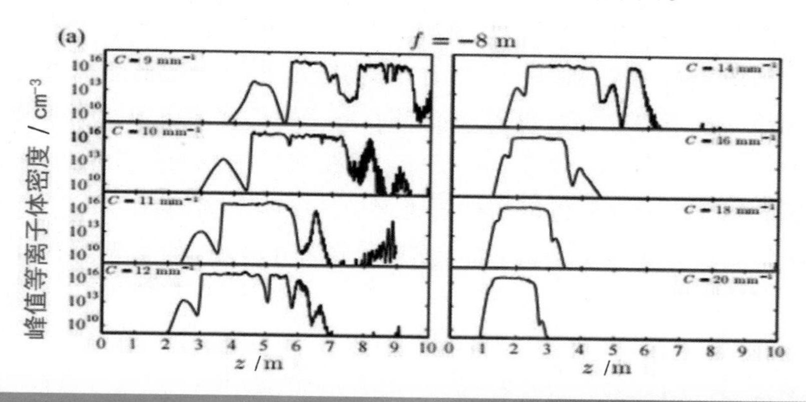

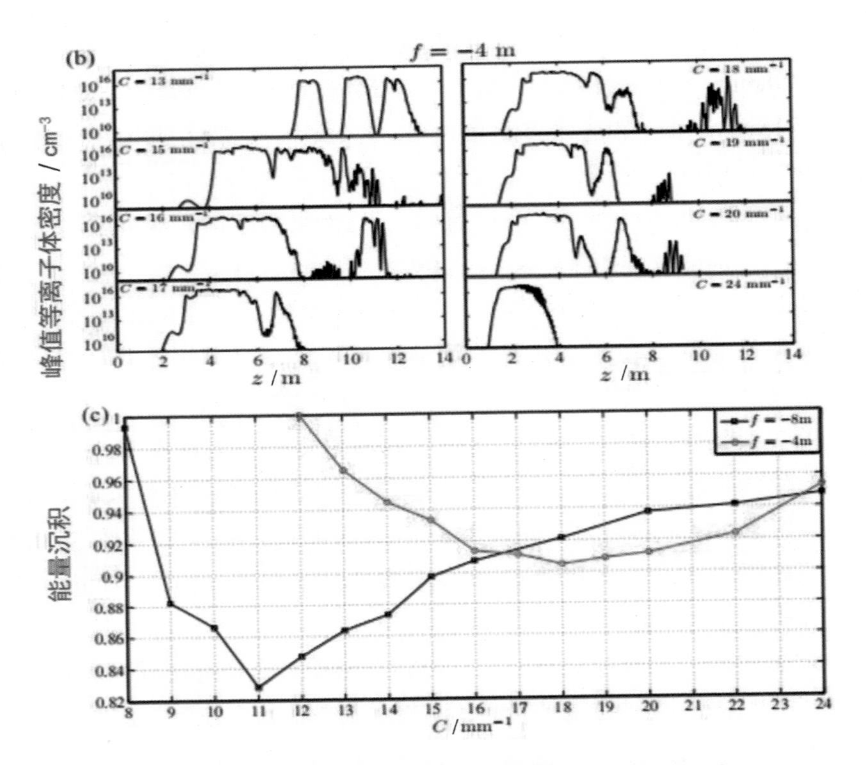

图 3.11 几何聚焦参数对光丝和能量沉积的调制效应

（b）在不同空间啁啾 C 下，峰值等离子体密度随传播距离 z 的演化，其中凹透镜焦距分别取 f=−8 m（a）和 f=−4 m（b）；（c）能量沉积和空间啁啾 C 的关系曲线，其中 f=−8 m（方块）和 f=−4 m（圆点）

为了进一步探索几何聚焦参数在环形高斯丝传输中所起的作用，我们调查在凹透镜焦距 f=−8 m 和 f=−4 m 下，峰值等离子体密度和空间啁啾 C 的函数关系，如图 3.12 所示。显然，随着空间啁啾 C 的减小，等离子体密度在 $C=10\ \mathrm{mm}^{-1}$、$f=-8\ \mathrm{m}$ 和 $C=15\ \mathrm{mm}^{-1}$、$f=-4\ \mathrm{m}$ 时达到最大值。从图 3.11（a）和（b）可以看出，高强度光丝的传播距离在这两点分别约 4 m 和 7 m。这也再次证明了光丝的长度主要由整个等离子体的高密度部分决定。而且等离子体密度值高度依赖于外部聚焦条件，凹透镜散焦作用的降低将提高锥透镜聚焦的影响。例如，在 f=−8 m 时，随着空间啁啾 C 的变化，等离子体密度值增加了 4 倍，如图 3.12 所示。

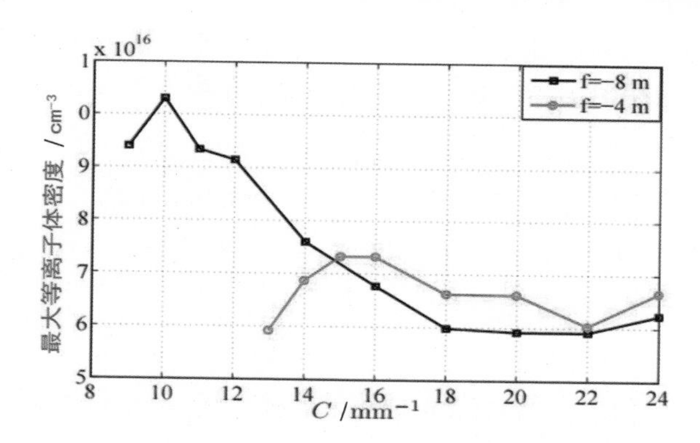

图 3.12　最大等离子体密度和空间啁啾 C 的函数关系图

图 3.13 呈现的是，在 f=−8 m，不同空间啁啾 C 下，等离子体密度的空间分布和相应的能量通量随传播距离 z 的演化。虚线表示等离子体密度的最大值。从这些图中，可以看到，对于 C=10 mm^{-1}，等离子体密度大约在 z=4.9 m 达到最大值 $n_{e\max}=1.03\times10^{17}\ \mathrm{cm}^{-3}$，然而最大通量 $F_{\max}=2.34\times10^{3}\ \mathrm{mJ/cm}^{2}$ 是大约在 $z=4.6\ \mathrm{m}$ 获得。当空间啁啾 C 增加到 20 mm^{-1} 时，最大等离子体密度在 $z\approx2.1\ \mathrm{m}$ 达到 $n_{e\max}=5.87\times10^{16}\ \mathrm{cm}^{-3}$，最大通量在 $z\approx1.8\ \mathrm{m}$ 达到 $F_{\max}=2.95\times10^{3}\ \mathrm{mJ/cm}^{2}$。显然，最大等离子体密度和最高的激光通量不能同时获得。这是因为等离子体密度 $n_e\propto\int_{-\infty}^{\infty}|A|^{2K}\mathrm{d}t$，而能量通量 $F\propto\int_{-\infty}^{\infty}|A|^{2}\mathrm{d}t$。

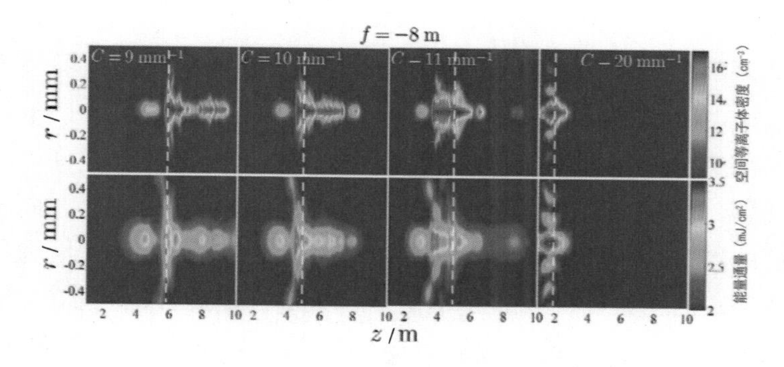

图 3.13　空间等离子体密度和能量通量的演化图

（a）在不同空间啁啾 C 下，空间等离子体密度（以 cm^{-3} 为单位）随传播距离 z 的演化（第一行）；（b）能量通量（以 mJ/cm^2 为单位，对数刻度）分布随传播距离 z 的演化（第二行）

总之，空间啁啾 C 和凹透镜焦距 f 之间的竞争影响等离子体丝的形成。在最大能量沉积附近优化透镜参数，可以使高强度的激光信号传输较长的距离。然而光丝的长度主要由整个等离子体的高密度部分决定。因此在最佳参数值 $C=10\ \mathrm{mm}^{-1}$, $f=-8\ \mathrm{m}$ 和 $C=15\ \mathrm{mm}^{-1}$, $f=-4\ \mathrm{m}$ 时，峰值等离子体密度达到最大值，相应的光丝长度分别达到约 4 m 和 7 m。

3.3.2 激光脉冲参数对激光成丝和激光能量沉积的影响

环形光束是指中心强度为零的光束，两特征参数分别是光束半径 r_0 和束腰宽度 ω_0，其中光束半径 r_0 是环形光束的一个独特的参数（不同于贝塞尔光束）。图 3.14（a）和（b）分别给出能量沉积与光束半径 r_0 和束腰宽度 ω_0 的关系曲线。在所有情况中，初始激光强度保持不变，即 $I_0=4.215\times10^{11}\ \mathrm{W/cm^2}$。这也意味着越大的光束半径和束腰宽度，初始激光脉冲载有越多的能量。这将增强了多光子电离和等离子体的吸收，从而导致越来越多的激光能量沉积在气体介质中。当光束半径 r_0 从 4 mm 增加到 6 mm，能量沉积从 7% 增加到 24%。光束的束腰宽度 ω_0 的关从 1 mm 增加到 3 mm 导致能量沉积从 7% 增加到 14.1%。正如上面所提到的，在相同初始条件下，高的能量沉积与光丝的长距离传播是有关的。

图 3.14（c）和（d）分别给出等离子体密度的空间分布随传播距离 z 的演化，其中光束半径 r_0 和束腰宽度 ω_0 分别取不同的值。很容易看到，随着光束半径和光束宽度的增加，光丝的长度被延长了许多。有趣的是，随着光束半径 r_0 的增加，光丝的起点位置逐渐被延后。而随着束腰宽度的增加，光丝的宽度也被扩展。这个结果是合理的，因为环形高斯脉冲特殊的初始横向分布是不同于传统的高斯脉冲的。我们都知道，高斯脉冲的塌缩位置是由 Marburger 公式决定的 [65]，但它是不适用于估算环形高斯脉冲的塌缩位置的。正如文献 [66] 和 [67] 所描述的，环形高斯光束首先线性地收缩到传播轴上。然后，轴上的中心强度逐渐地增强，直到在某个传播位置处，强度会达到一个最大值。此时，非线性克尔自聚焦会使光束强度迅速增加，直到达到光丝的钳制强度。由于环形

结构在初始传播阶段会线性收缩到传播轴上，因此，环形高斯光束半径 r_0 越大，则这个线性传播的距离会越长。这也意味着光丝的起点位置是逐渐延后的［见图 3.14（c）］。当固定光束半径 r_0，增加束腰宽度 ω_0 意味着光束中心暗中空区域的减小，所以，环形结构线性收缩到传播轴上的位置将离光源较近。这也是为什么随着光束束腰宽度 ω_0 的增加，光丝的起点位置会提前的原因［见图 3.14（d）］。

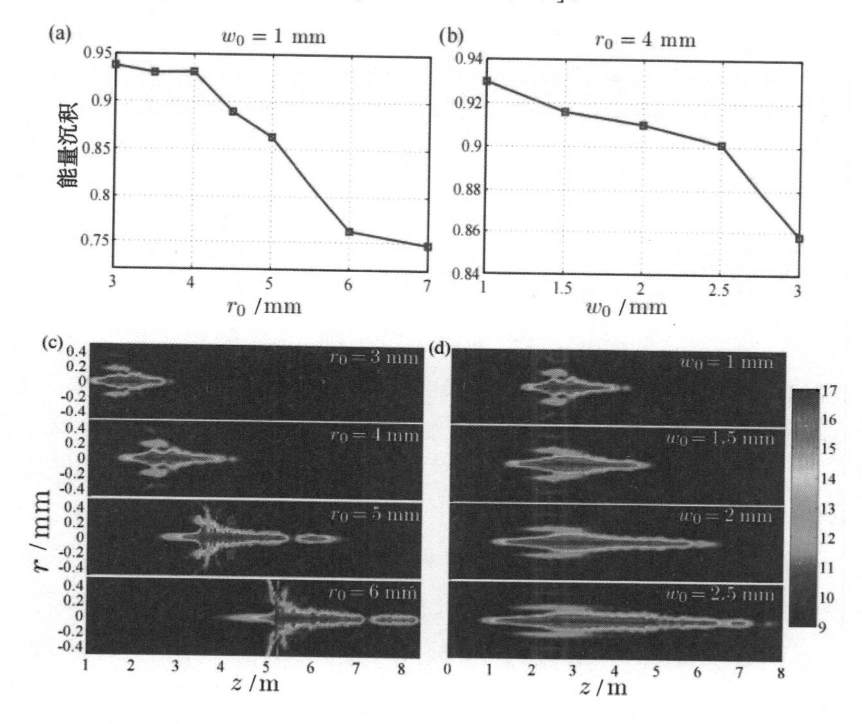

图 3.14　激光脉冲参数对能量沉积和光丝的调制效应

（a）能量沉积和光束半径 r_0 的函数关系，其中束腰宽度 $\omega_0 = 1\,\mathrm{mm}$；（b）能量沉积和束腰宽度 ω_0 的函数关系，其中光束半径 $r_0 = 4\,\mathrm{mm}$；（c）当光束半径 r_0 取不同值时，空间等离子体密度随传播距离 z 的演化；（d）当束腰宽度 ω_0 取不同值时，空间等离子体密度随传播距离 z 的演化。

比较图 3.14（c）和（d），我们还发现环形高斯光丝对束腰宽度的依赖比对光束半径更敏感。当 ω_0 和 r_0 分别从 1 mm 增加到 3 mm 和从 4 mm 增加到 6 mm，光丝的长度分别从 2 m 增加到约 3.5 m 和从 2 m 增加到约 8 m。因此，光丝的长度和均匀性通过增加束腰宽度 ω_0 要优

于增加光束半径 r_0 。这也许是增加束腰宽度使初始脉冲输入的能量更多所导致的。当束腰宽度 ω_0 从 1 mm 增加到 3 mm，脉冲的输入能量从 6.7 mJ 增加到 20 mJ，而 r_0 从 4 mm 增加到 6 mm，相等的初始脉冲能量只增加到 10 mJ。因此，可看出，这两个参数的变化，光丝将显示不同的特性。

3.4 脉冲能量对飞秒环形高斯光束成丝动力学的影响

一般来说，激光的输入能量越大，光丝的长度越长。2017 年，姚爽等人[72]通过实验，研究了脉冲能量对高斯光束成丝的影响，实验结果表明，增加初始脉冲能量，光丝的起点被提前，对应的光丝长度被增加。但由于光丝形成之后，等离子体之间会发生碰撞、电子复合等，这使得电子密度会迅速衰减，光丝的寿命也会缩短，进而限制了光丝长度的扩展。另外，初始激光功率过高，会产生多个光丝[68]，降低激光传输的稳定性。

为了更有效地利用有限的能量来扩展光丝的长度，我们探究了脉冲能量对环形高斯光束在大气中成丝传输动力学的影响。环形高斯光束的初始参数设置如下：脉宽 τ_0=40 fs，束腰宽度和半径分别是 ω_0=1 mm，r_0=3 mm。

3.4.1 脉冲能量对成丝的影响

首先，模拟了传统高斯光束（r_0=0 mm）经焦距为 $f=2$ m 的凸透镜聚焦后的成丝情况。如图 3.15 所示，当相同条件下的高斯光束经凸透镜聚焦后，随着脉冲能量的增加，光丝起点位置提前，长度被扩展。该结果与姚爽等人[72]的实验结果基本一致。因此，在该模型的基础上，我们研究了脉冲能量对环形高斯光束成丝动力学的影响。

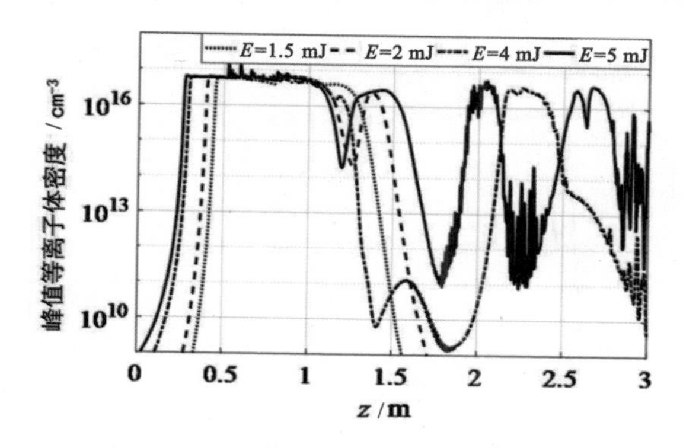

图 3.15 在不同输入能量下，高斯光束产生的峰值等离子体密度随传播距离 z 的演化

图 3.16（a）给出了不同脉冲能量下的环形高斯光束，经凹透镜、锥透镜组成的光学系统聚焦后，峰值等离子体密度随传输距离 z 的演化。这里锥透镜引入的空间啁啾系数和凹透镜的焦距分别为 C_r=11 mm^{-1}、$f=-8$ m。为了更好地理解脉冲能量对环形高斯光束的影响，我们也给出了相同条件下的高斯光束（r_0=0 mm）的情况［见图 3.16（b）］。对比图 3.15 和图 3.16（b）可知，高斯光束经凹透镜－锥透镜聚焦后，成丝起点被提前，脉冲能量对光丝长度的影响减小。而对于环形高斯光束，由图 3.16（a）可知，经凹透镜－锥透镜组成的光学系统聚焦后，与相同条件下的高斯光束相比，光丝起点被延迟到 $z>3$ m 的位置，而且随着脉冲能量的增加，光丝起点提前，长度增加。但值得注意的是，当其脉冲能量增加到 E=5 mJ 时，虽然获得了很长的等离子体通道，但其等离子体的稳定性要比低能量时的差。而且由图 3.16（a）和 3.16（b）可知，当脉冲能量增大到一定值后，光丝的起始位置将基本保持不变。因此为了获得更长更稳定的光丝，需要选择合适的初始脉冲能量。

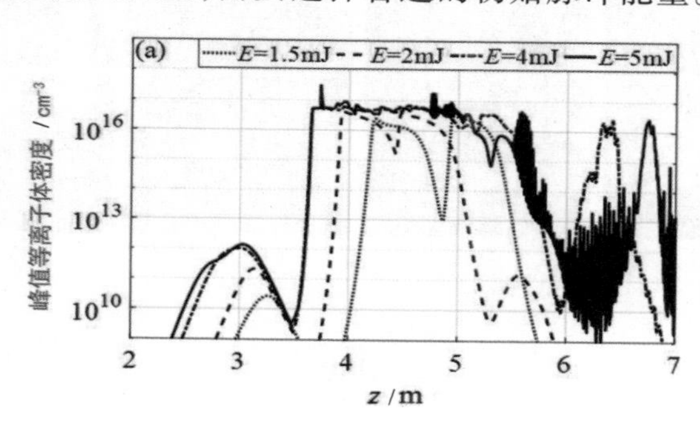

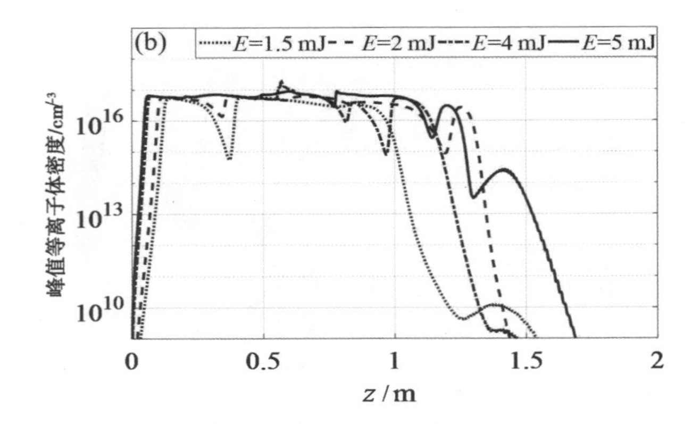

图 3.16　峰值等离子体密度随传输距离 z 的演化

（a）环形高斯光束；（b）高斯光束，其中空间啁啾系数 C_r=11 mm^{-1}，凹透镜的焦距 f=－8 m

3.4.2 脉冲能量对光通量的影响

为了更深入地理解脉冲能量对成丝的影响，图 3.17 给出了能量通量随传输距离 z 的演化。其中第一行表示高斯光束经过凸透镜聚焦后情况，第二行和第三行分别给出了高斯光束和环形高斯光束经过凹透镜－锥透镜光学系统聚焦后的情况。

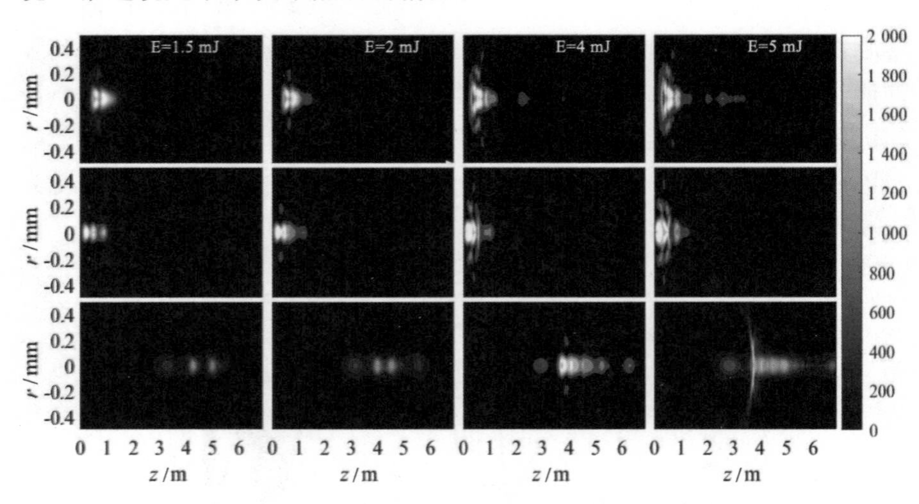

图 3.17　激光光束的能量通量（以 mJ/cm^2 为单位）分布随传输距离 z 的演化

由图3.17可知，随着脉冲能量的增大，由于克尔效应的增强，光通量以更快的速度增加，从而使光丝提前。但是当脉冲能量增大到一定值时，光通量不再提前，反而是往轴的两边扩展。如对于环形高斯光束经凹透镜-锥透镜聚焦后，当初始能量增加为 **E=5 mJ** 时，高强度的光通量不再提前，反而是有明显的横向扩展，导致轴上的光通量强度比 **E=4 mJ** 时的小，这样将不利于稳定光丝的远距离传播。因此，对于环形高斯光束来说，输入合适的初始脉冲能量是非常重要的。

3.4.3 脉冲能量对时间动力学的影响

为了更进一步理解脉冲能量对成丝的影响，图3.18给出了与图3.17对应的时间动力学的演化。对于高斯光束，虽然通过的聚焦系统不同，但是当脉冲能量增加时，两者都表现为脉冲前沿（$t<0$）的自聚焦被加强。而对于环形高斯光束，当脉冲能量增加时，脉冲前沿（$t<0$）和后沿（$t>0$）的自聚焦都被加强。这可能就是环形高斯光束比高斯光束传输更远的原因。

继续比较脉冲能量为4 mJ和5 mJ的环形高斯光束的轴上光强分布，发现两者最大的区别是，能量 **E=5 mJ** 时，脉冲后沿的劈裂次数要比 **E=4 mJ** 时的多。这可能就导致了当 **E=5 mJ** 时，峰值等离子体密度的不稳定，如图3.16（a）所示。换句话说，过高的脉冲能量，将导致更复杂的脉冲聚焦。该结果也再次说明，输入合适的初始脉冲能量对稳定光丝的长距离传输是非常重要的。

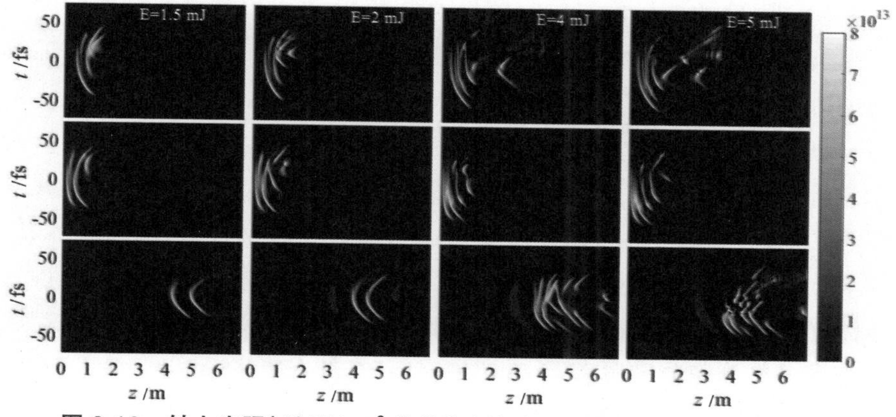

图3.18　轴上光强（以 W/cm² 为单位）的时间分布随传输距离 z 的演化

3.5 本章小结

超短超强脉冲激光技术的飞速发展使激光与物质相互作用被赋予了许多新的内容。特别是飞秒激光在大气中的传输已经成为非线性光学和国际强场领域的一项研究热点。本章主要是从理论上研究了飞秒环形高斯光束在大气中产生扩展光丝的物理机制。初始能量为 5 mJ、波长为 800 nm、脉宽为 40 fs 的环形高斯脉冲，通过凹透镜和锥透镜组成的光学系统聚焦后在大气中传输，结果发现，环形高斯光在大气中可产生一个稳定而长的等离子体通道。为了解释环形高斯光丝产生的物理机制，我们将它与传统的人们熟知高斯光丝进行比较，结果表明，在相同输入能量、光束束腰宽度，以及脉冲宽度的条件下，首先，锥透镜和凹透镜的组合使环形高斯光成丝的起点位置延迟了很多。而且，凹透镜对环形光的调制效应更明显，使得环形高斯光丝的长度要比高斯光丝的长度增加许多。其次，我们详细讨论了激光成丝的动力学行为，在环形高斯光束在形成光丝之前，从轴上强度的时间分布可以观察到脉冲劈裂的发生，这会导致激光能量从劈裂脉冲的尾迹向光束中心区域逐渐补充的过程，进而在光丝传播过程中会发生多次聚焦。这也是环形高斯光丝大大被延长的主要原因。所有这些结果都暗示着，飞秒环形高斯光束更适合使高强度的信号稳定传输较长的距离，也许可以作为一种新的工具来扩展其实际应用，如遥感波谱、THz 辐射的产生[70]，甚至材料加工方面的应用等。

数值模拟了环形高斯光丝的特性和激光脉冲能量沉积强烈地依赖于外部几何聚焦参数和激光脉冲参数。当固定凹透镜焦距 f，空间啁啾 C 对光丝的起点位置、长度，以及其均匀稳定性都有着很大的影响。结果表明，随着空间啁啾 C 的减小，锥透镜聚焦光束的能力减弱，这将导致激光脉冲能量在长距离上均匀分布。因此，环形高斯光丝的长度扩展了许多。但当空间啁啾 C 降低到足够低时，如在 f=−8 m 下、C=9 mm^{-1}

和在 f=−4 m 下、C=13 mm^{-1}，锥透镜聚焦激光脉冲能量不足以平衡凹透镜散焦激光脉冲的能量。这将导致等离子体丝变得非常不稳定，直到不能形成光丝。总之，光丝的形成和激光束的能量沉积是空间啁啾 C 和凹透镜焦距 f 之间竞争的结果。同时也表明，在最大的能量沉积附近调节透镜的参数，飞秒环形高斯脉冲可以长距离传播。但光丝的长度主要由整个等离子体密度的高密度部分决定。因此，当峰值等离子体密度达到最大值时，最长的光丝长度分别达到约 4 m 和 7 m，其中最佳参数值分别为 C=13 mm^{-1}、f=−8 m 和 C=15 mm^{-1}、f=−4 m。

另外，当初始激光强度相同时，光束半径和束腰宽度强烈地影响光丝的特征和能量沉积。随着两光束参数（r_0 和 ω_0）的增加，光丝的长度被扩展很多。同时，光丝的长度和均匀性对束腰宽度要比对光束半径更敏感。总之，这些结果可能对长的稳定的等离子体丝在实验中产生提供有益的理论指导。

通过数值模拟非线性薛定谔方程，研究了脉冲能量对环形高斯光束在大气中成丝的影响。研究发现，通过增加脉冲的能量可以延长环形高斯光丝的长度，但是当脉冲能量增大到一定值后，虽然光丝长度继续增加，但是光丝的稳定性却有所下降。这是由于过高的脉冲能量导致了光通量的横向扩展和复杂的聚焦现象。脉冲能量对环形高斯光束成丝的影响，可为相关实验及应用提供理论参考。

参考文献

[1] Duocastella M, Arnold C B. Bessel and annular beams for materials processing[J]. Laser & Photonics Reviews, 2012, 6 (5): 607–621.

[2] Garcés-Chávez V, Mcgloin D, Melville H, et al. Simultaneous micromanipulation in multiple planes using a self-reconstructing light beam[J]. Nature, 2002, 419 (6903): 145–7.

[3] Dholakia K, Lee W M. in: Advances in Atomic, Molecular, and Optical Physics, Vol. 56, edited by E. Arimondo, P. R. Berman, and C. C. Lin (Academic Press, Burlington, MA, 2008), pp. 261–337.

[4] Shvedov V G, Rode A V, Izdebskaya Y V, et al. Giant Optical Manipulation[J]. Physical Review Letters, 2010, 105 (11): 707–712.

[5] Arlt J, Hitomi T, Dholakia K. Atom guiding along Laguerre–Gaussian and Bessel light beams[J]. Applied Physics B, 2000, 71 (4): 549–554.

[6] Padgett M, Courtial J, Allen L. Light's orbital angular momentum[J]. Physics Today, 2004, 57 (5): 35–40.

[7] Blow, Nathan. Cell imaging: New ways to see a smaller world[J]. Nature, 2008, 456 (7223): 825.

[8] Hell, Stefan W. Microscopy and its focal switch.[J]. Nature Methods, 2009.

[9] 黄慧琴,赵承良,陆璇辉．空心光束的研究进展 [J]. 激光与红外,2007,37 (4): 4.

[10] 赵华君,程正富,吴强．双高斯空心光束的传输特性分析 [J]. 重庆文理学院学报：自然科学版,2006,5 (4): 3.

[11] 王涛,蒲继雄．部分相干空心光束在湍流介质中的传输特性 [J]. 物理学报,2007,56 (11): 6.

[12] Cai Y, Eyyubolu H T, Baykal Y. Scintillation of astigmatic dark hollow beams in weak atmospheric turbulence[J]. Journal of the Optical Society of America A, 2008, 25 (7): 1497–1503.

[13] Francis, Théberge, Weiwei, et al. Plasma density inside a femtosecond laser filament in air: Strong dependence on external focusing[J]. Physical Review E, 2006.

[14] Kiran P P, Bagchi S, Krishnan S R, et al. Focal dynamics of multiple filaments: Microscopic imaging and reconstruction[J]. Physical Review A, 2011, 82 (1): 7261–7265.

[15] Birkholz S, Nibbering E, Brée C, et al. Spatiotemporal Rogue Events in Optical Multiple Filamentation[J]. Physical Review Letters, 2013, 111 (24): 243903.

[16] Xiong H, Xu H, Fu Y , et al. Generation of a coherent x ray in the water window region at 1 kHz repetition rate using a mid-infrared pump source[J]. Optics Letters, 2009.

[17] Durnin J. Exact solutions for nondiffracting beams. I. The scalar theory[J]. JOSA A, 1987, 4 (4): 651-654.

[18] Durnin J, Miceli J J, Eberly J H, Phys[J]. Rev. Lett., 1987, 58, 1499.

[19] Pavel, Polynkin, Miroslav, et al. Generation of extended plasma channels in air using femtosecond Bessel beams.[J]. Optics express, 2008.

[20] Mcleod J H . The Axicon : A new type of optical element[J]. J. Opt. Soc. Am, 1954, 44.

[21] Akturk S, Zhou B, Franco M, et al. Generation of long plasma channels in air by focusing ultrashort laser pulses with an axicon[J]. Optics Communications, 2009, 282 (1): 129-134.

[22] Roskey D E, Kolesik M, Moloney J V, et al. Self-action and regularized self-guiding of pulsed Bessel-like beams in air[J]. Optics express, 2007, 15 (16): 9893-9907.

[23] Durfee Iii C G, Milchberg H M. Light pipe for high intensity laser pulses[J]. Physical review letters, 1993, 71 (15): 2409.

[24] Layer B D, York A, Antonsen T M, et al. Ultrahigh-intensity optical slow-wave structure[J]. Physical review letters, 2007, 99 (3): 035001.

[25] Ding Z, Ren H, Zhao Y, et al. High-resolution optical coherence tomography over a large depth range with an axicon lens[J]. Optics letters, 2002, 27 (4): 243-245.

[26] Manek I, Ovchinnikov Y B, Grimm R. Generation of a hollow laser beam for atom trapping using an axicon[J]. Optics communications, 1998, 147 (1-3): 67-70.

[27] Rioux M, Tremblay R, Belanger P A. Linear, annular, and radial focusing with axicons and applications to laser machining[J]. Applied Optics, 1978, 17 (10): 1532-1536.

[28] Scheller M, Mills M S, Miri M A, et al. Externally refuelled optical filaments[J]. Nature Photonics, 2014, 8（4）: 297–301.

[29] Abdollahpour D, Panagiotopoulos P, Turconi M, et al. Long spatio–temporally stationary filaments in air using short pulse UV laser Bessel beams[J]. Optics express, 2009, 17（7）: 5052–5057.

[30] Sharma A, Misra S, Mishra S K, et al. Dynamics of dark hollow Gaussian laser pulses in relativistic plasma[J]. Physical Review E, 2013, 87（6）: 063111.

[31] Panagiotopoulos P, Papazoglou D G, Couairon A, et al. Sharply autofocused ring–Airy beams transforming into non–linear intense light bullets[J]. Nature communications, 2013, 4（1）: 1–6.

[32] Molina–Terriza G, Torres J P, Torner L. Twisted photons[J]. Nature physics, 2007, 3（5）: 305–310.

[33] York A G, Milchberg H M, Palastro J P, et al. Direct acceleration of electrons in a corrugated plasma waveguide[J]. Physical review letters, 2008, 100（19）: 195001.

[34] Blow N. New ways to see a smaller world[J]. Nature, 2008, 456（7223）: 825–826.

[35] Shvedov V G, Rode A V, Izdebskaya Y V, et al. Giant optical manipulation[J]. Physical review letters, 2010, 105（11）: 118103.

[36] Polesana P, Franco M, Couairon A, et al. Filamentation in Kerr media from pulsed Bessel beams[J]. Physical Review A, 2008, 77（4）: 043814.

[37] Faccio D, Rubino E, Lotti A, et al. Nonlinear light–matter interaction with femtosecond high–angle Bessel beams[J]. Physical Review A, 2012, 85（3）: 033829.

[38] Skupin S, Bergé L, Peschel U, et al. Interaction of femtosecond light filaments with obscurants in aerosols[J]. Physical review letters, 2004, 93（2）: 023901.

[39] Agrawal G P. Nonlinear Fiber Optics,（Acadamic, San Diego）[J]. Cal, 1995.

[40] Xi T T, Lu X, Zhang J. Interaction of light filaments

generated by femtosecond laser pulses in air[J]. Physical review letters, 2006, 96 (2): 025003.

[41] Sprangle P, Penano J R, Hafizi B. Propagation of intense short laser pulses in the atmosphere[J]. Physical Review E, 2002, 66 (4): 046418.

[42] Couairon A, Mysyrowicz A. Femtosecond filamentation in transparent media[J]. Physics reports, 2007, 441 (2-4): 47-189.

[43] Bergé L. Boosted propagation of femtosecond filaments in air by double-pulse combination[J]. Physical Review E, 2004, 69 (6): 065601.

[44] Golubtsov I S, Kandidov V P, Kosareva O G. Initial phase modulation of a high-power femtosecond laser pulse as a tool for controlling its filamentation and generation of a supercontinuum in air[J]. Quantum Electronics, 2003, 33 (6): 525.

[45] Xi T T, Lu X, Zhang J. Interaction of light filaments generated by femtosecond laser pulses in air[J]. Physical review letters, 2006, 96 (2): 025003.

[46] Walter D, Eyring S, Lohbreier J, et al. Spatial optimization of filaments[J]. Applied Physics B, 2007, 88 (2): 175-178.

[47] Liu W, Théberge F, Daigle J F, et al. An efficient control of ultrashort laser filament location in air for the purpose of remote sensing[J]. Applied Physics B, 2006, 85 (1): 55-58.

[48] Eisenmann S, Louzon E, Katzir Y, et al. Control of the filamentation distance and pattern in long-range atmospheric propagation[J]. Optics express, 2007, 15 (6): 2779-2784.

[49] Polynkin P, Kolesik M, Roberts A, et al. Generation of extended plasma channels in air using femtosecond Bessel beams[J]. Optics express, 2008, 16 (20): 15733-15740.

[50] Polynkin P, Kolesik M, Moloney J. Extended filamentation with temporally chirped femtosecond Bessel-Gauss beams in air[J]. Optics express, 2009, 17 (2): 575-584.

[51] Polynkin P, Kolesik M, Moloney J V, et al. Curved plasma

channel generation using ultraintense Airy beams[J]. Science, 2009, 324 (5924): 229-232.

[52] Scheller M, Mills M S, Miri M A, et al. Externally refuelled optical filaments[J]. Nature Photonics, 2014, 8 (4): 297-301.

[53] Cheng Y H, Wahlstrand J K, Jhajj N, et al. The effect of long timescale gas dynamics on femtosecond filamentation[J]. Optics express, 2013, 21 (4): 4740-4751.

[54] Wahlstrand J K, Jhajj N, Rosenthal E W, et al. Direct imaging of the acoustic waves generated by femtosecond filaments in air[J]. Optics letters, 2014, 39 (5): 1290-1293.

[55] Zahedpour S, Wahlstrand J K, Milchberg H M. Quantum control of molecular gas hydrodynamics[J]. Physical review letters, 2014, 112 (14): 143601.

[56] Théberge F, Liu W, Simard P T, et al. Plasma density inside a femtosecond laser filament in air: Strong dependence on external focusing[J]. Physical Review E, 2006, 74 (3): 036406.

[57] Polesana P, Franco M, Couairon A, et al. Filamentation in Kerr media from pulsed Bessel beams[J]. Physical Review A, 2008, 77 (4): 043814.

[58] Polesana P, Couairon A, Faccio D, et al. Observation of conical waves in focusing, dispersive, and dissipative Kerr media[J]. Physical review letters, 2007, 99 (22): 223902.

[59] Akturk S, Zhou B, Franco M, et al. Generation of long plasma channels in air by focusing ultrashort laser pulses with an axicon[J]. Optics Communications, 2009, 282 (1): 129-134.

[60] Polesana P, Dubietis A, Porras M A, et al. Near-field dynamics of ultrashort pulsed Bessel beams in media with Kerr nonlinearity[J]. Physical Review E, 2006, 73 (5): 056612.

[61] Faccio D, Rubino E, Lotti A, et al. Nonlinear light-matter interaction with femtosecond high-angle Bessel beams[J]. Physical Review A, 2012, 85 (3): 033829.

[62] Bhuyan M K, Courvoisier F, Lacourt P A, et al. High aspect

ratio nanochannel machining using single shot femtosecond Bessel beams[J]. Applied Physics Letters, 2010, 97（8）：081102.

[63] Bhuyan M K, Velpula P K, Colombier J P, et al. Single-shot high aspect ratio bulk nanostructuring of fused silica using chirp-controlled ultrafast laser Bessel beams[J]. Applied Physics Letters, 2014, 104（2）：021107.

[64] McGloin D, Dholakia K. Bessel beams：diffraction in a new light[J]. Contemporary Physics, 2005, 46（1）：15-28.

[65] Marburger J H. Self-focusing：theory[J]. Progress in quantum electronics, 1975, 4：35-110.

[66] Feng Z F, Li W, Yu C X, et al. Extended laser filamentation in air generated by femtosecond annular Gaussian beams[J]. Physical Review A, 2015, 91（3）：033839.

[67] Panagiotopoulos P, Papazoglou D G, Couairon A, et al. Sharply autofocused ring-Airy beams transforming into non-linear intense light bullets[J]. Nature communications, 2013, 4（1）：1-6.

[68] Fibich G, Ilan B. Vectorial and random effects in self-focusing and in multiple filamentation[J]. Physica D：Nonlinear Phenomena, 2001, 157（1-2）：112-146.

[69] 姚爽，宋超，高勋，等．脉冲能量对飞秒激光等离子体丝形成的影响[J]. 激光与光电子学进展, 2017, 54（12）：121901.

[70] Hussain S, Singh M, Singh R K, et al. THz generation by self-focusing of hollow Gaussian laser beam in magnetised plasma[J]. EPL（Europhysics Letters）, 2014, 107（6）：65002.

第4章

飞秒环形高斯光束在大气中成丝的非线性效应

飞秒激光脉冲成丝源于克尔自聚焦效应与等离子体散焦效应之间的动态平衡。由于飞秒激光脉冲在成丝过程中不仅拥有高强度的光强和稳定的等离子体通道,而且还伴随着荧光发射和超连续光谱的产生等非线性现象。自从1995年首次发现飞秒激光脉冲在空气中成丝以来,研究飞秒激光脉冲在空气中的成丝以及伴随的非线性现象,一直都是强场领域的热点[1]。

4.1 延迟克尔效应对环形高斯丝的影响

强飞秒激光脉冲在空气中的传播涉及各种线性和非线性光学过程,如衍射、非线性克尔自聚焦、电离和等离子体散焦等。这些过程在强激光脉冲的传播动力学中起着非常重要的作用。对于非线性克尔自聚焦,除了电子响应引起的瞬时克尔效应会影响激光脉冲的传输外,分子转动引起的延迟克尔效应对高功率飞秒激光丝的传输也具有强烈影响。早期,许多研究就发现,激光脉冲对介质的延迟响应主要改变的是介质的非线性折射率,进而会引起波谱的变化[2,3]。Milchberg等人也首次观察到，光丝在大气中长距离传输的过程中会产生很强的量子转动波包效应[4]。另外，延迟克尔非线性效应不仅可以通过改变脉冲形状来强烈地影响光丝的传播动力学行为[5,6]，而且对光束直径、激光脉冲的时间劈裂、轴上激光强度和电子密度等都有着很大的改变[7]。然而，当脉冲持续时间远大于分子转动响应的特征时间（τ_k=70 fs）时，延迟克尔效应对光丝在大气中传输的影响常常可被忽略[8-11]。目前，对于强飞秒激光脉冲在大气中成丝传输的过程中，延迟克尔效应是如何依赖于特征时间附近的不同初始脉宽的研究仍然较少。

在本节中，主要分析延迟克尔效应对环形高斯光丝产生的影响。在前面的工作中，我们提出了一种新的产生光丝的方案[12]，就是使环形高斯光束和传统的高斯光束分别入射到锥透镜和平凹透镜组成的光学系统中。分析了透镜对两种不同光束的调制效应和非线性动力学机制。结果表明，环形高斯光束在大气中产生的光丝长度大约是相同初始条件下传统高斯光丝的长度的 2 倍。但在这项研究中，我们采用的激光脉冲的宽度（τ_0=40 fs）远小于分子转动响应的特征时间（τ_k=70 fs）。因此，忽略了延迟克尔效应对光丝特性的影响。为了更好地发挥环形高斯光束在大气传输中的潜在应用，有必要探讨延迟克尔效应对环形高斯光束在大气中成丝传输的影响。由于延迟克尔效应源于分子转动引起的缓慢响应，其作用与激光脉宽有一定的关系。本节选择分子转动响应特征时间附近的、不同脉宽的环形高斯光束，来探究延迟克尔效应对光丝传输特性的影响。

4.1.1 理论模型和传播方程

为了探究延迟克尔效应对飞秒激光在大气中传输的影响，我们模拟了柱对称的线偏振激光电场在慢变包络近似下沿传播轴 z 的演化。激光电场包络的演化选用第 1 章推导得到的（3D+1）非线性薛定谔方程与耦合的电子密度方程来描述。在随脉冲移动的坐标系（$t \to t - z / v_g$，$v_g = c, c$ 是真空中的光速下），耦合方程可写为：

$$\frac{\partial A}{\partial z} = \frac{\mathrm{i}}{2k_0}\nabla_{\perp}^2 A - i\frac{\beta_2}{2}\frac{\partial^2 A}{\partial t^2} + \mathrm{i}k_0 N_k A - \mathrm{i}k_0\frac{n_e}{2n_c}A - \frac{\beta^{(K)}}{2}|A|^{2K-2}A \quad (4.1)$$

$$N_k = \frac{n_2}{2}\left\{|A|^2 + \frac{1}{\tau_k}\int_{-\infty}^{t} \exp\left[-\frac{(t-t')}{\tau_k}\right]|A(t')|^2 \mathrm{d}t'\right\} \tag{4.2}$$

$$\frac{\partial n_e}{\partial t} = \frac{\beta^{(K)}}{K\hbar\omega_0}|A|^{2K}(1-\frac{n_e}{n_{at}}) \tag{4.3}$$

方程(4.1)中 $k_0=2\pi/\lambda_0(\lambda_0=800\ \mathrm{nm})$ 是激光的中心波数。方程(4.1)右边第一项描述了光束的空间衍射效应；第二项表示激光的群速度色散效应；第三项表示克尔效应；第四项表示等离子体的散焦；最后一项表示多光子电离效应。方程(4.2)描述瞬时和延时克尔效应引起的自聚焦。方程(4.3)描述电子的产生。其中 $\beta_2=0.2\ \mathrm{fs}^2/\mathrm{cm}$，非线性折射率系数 $n_2=3.2\times10^{-19}\ \mathrm{cm}^2/\mathrm{W}$，多光子电离系数 $\beta^{(K)}=3.1\times10^{-98}\ \mathrm{cm}^{13}/\mathrm{W}^7$，这里我们考虑的是电离一个氧原子所需要的光子数 $K=8$[13]。临界等离子体密度 $n_c=1.7\times10^{21}\ \mathrm{cm}^{-3}$，初始中性氧原子密度为 $n_{at}=5.4\times10^{18}\ \mathrm{cm}^{-3}$。

由于环形高斯光束经薄锥透镜和平凹透镜聚焦后，可以产生稳定而长的等离子体通道[12]。因此本节选择的聚焦系统仍为锥透镜和平凹透镜组成的光学系统。对于此聚焦系统，会使入射光束在横向平面引入一个线性空间啁啾，正比于 $\exp(-iCr)$，其中 C 为位相啁啾系数，由锥透镜和凹透镜共同决定。其表达式如下：

$$C \approx \frac{2\pi}{\lambda_0}\left[(n-n_0)\alpha + \frac{r}{f}\right] = C_r + \frac{2\pi r}{f\lambda_0} \tag{4.4}$$

式中，n,n_0 分别是空气和锥透镜的折射率，a 是锥透镜的底角，r 是横向径向坐标，f 是凹透镜的焦距。C_r 是锥透镜引入的空间啁啾系数。因此，当一个环形高斯光束通过此光学系统后，初始入射脉冲可写为：

$$A(r,t,z=0) = A_0 \exp\left[-\frac{(r-r_0)^2}{\omega_0^2} - \frac{t^2}{\tau_0^2}\right] \times \exp(-\mathrm{i}Cr) \tag{4.5}$$

式中，A_0、ω_0、τ_0 分别是初始电场振幅、e^{-2} 束腰宽度，以及脉冲宽度。当 $r_0=0$ 时，为传统高斯光束。

4.1.2 延迟克尔效应对光丝的影响

这部分探讨在分子转动响应特征时间附近，延迟克尔效应对环形高斯光束在大气中成丝的影响，以及对传播动力学的影响。在数值求解耦合方程时，首先对方程进行无量纲化处理，然后在时间上应用快速傅里叶变换方法，在空间上采用 Crank-Nicholson 差分方法。这里空间和时间的计算区域要足够大，以保证边界光场为零。

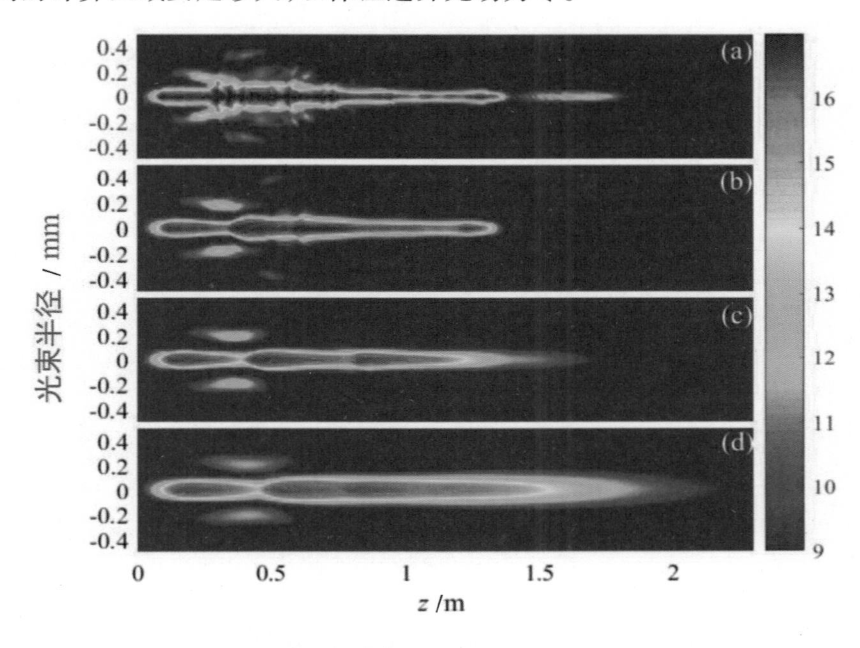

图 4.1 高斯光束的空间等离子体密度(对数刻度，以 cm^{-3} 为单位)分布图

(a)~(d)表示瞬时克尔效应和延迟克尔效应的贡献分别为：(1,0)；(1/2, 1/2)；(1/4,3/4)和(0,1)。其中输入的脉冲能量 E_{in}=3 mJ，脉宽和束腰分别为 τ_0=60 fs，ω_0=1 mm，空间啁啾系数 C_r=11 mm^{-1}，凹透镜的焦距 f=−8 m

首先，使一个环形高斯光束通过由锥透镜和凹透镜组成的光学系统。当光束的半径 r_0=0 时，实际上就是一个传统的高斯光束。此时，等离子体密度的空间分布如图 4.1 所示。初始参数为：脉冲能量 E_{in}=3 mJ，脉宽和束腰分别为 τ_0=60, fs，ω_0=1 mm。图 4.1（a）~（d）分别表示瞬时克尔效应和延迟克尔效应对折射率的贡献依次为：(1,0)、(1/2, 1/2)、(1/4,3/4)和(0,1)。可以看出，随着延迟克尔效应所占比例的增大，等离子体通道变得更加均匀。

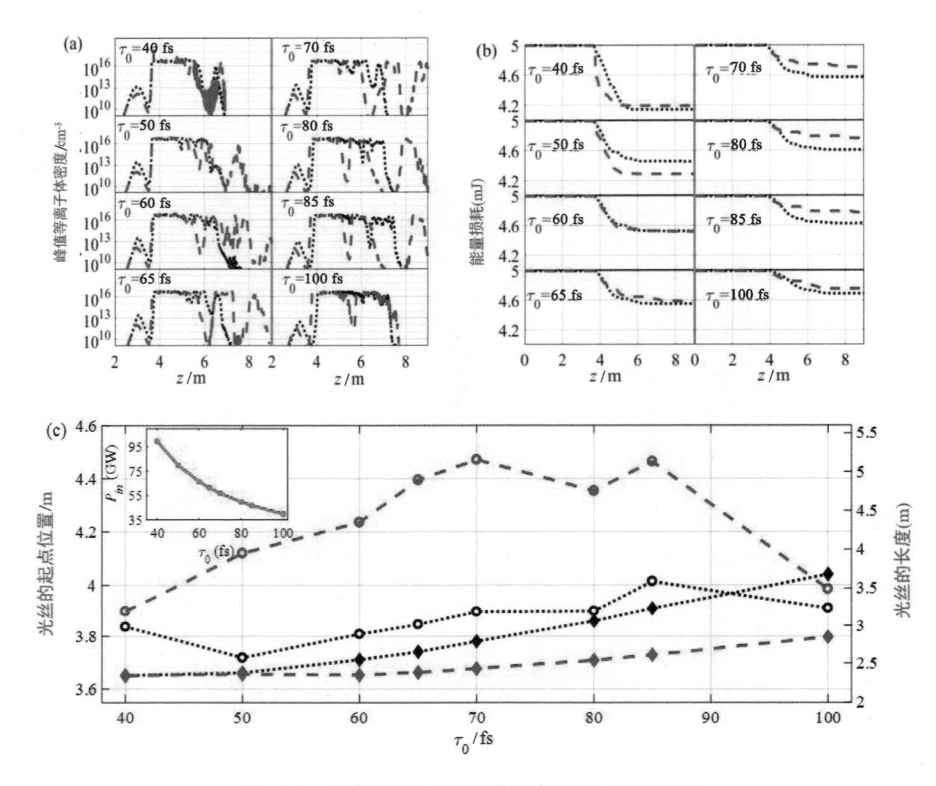

图 4.2 延迟克尔效应对光丝特性的影响图

不同初始脉宽下的环形高斯光束在大气中传输时峰值等离子体密度（a）和能量损耗（b）随传输距离 z 的演化；（c）形成光丝的起点位置（实心菱形标记）和光丝的长度（空心圆标记）随脉宽 τ_0 的变化。其中黑色点线表示非线性自聚焦只包含瞬时克尔效应，虚线表示考虑延迟克尔效应后的情况；图（c）中的插图表示不同脉宽 τ_0 对应的初始功率。输入的脉冲能量 E_{in}=5 mJ，空间啁啾系数 C_r=11 mm^{-1}，凹透镜的焦距 f=−8 m。

值得注意的是，虽然高斯光束是通过锥透镜和凹透镜组成的光学系统，而不是一般的凸透镜，但是结果与文献 [6] 基本一致。然而，当光束的半径 $r_0 \neq 0$ 时，入射脉冲就是一个环形高斯光束。接下来，我们主要讨论延迟克尔非线性效应对给定的初始不同脉宽的环形高斯光丝特性的影响。环形高斯光束的初始参数分别设为：初始脉冲的能量 E_{in}=5 mJ，束腰和半径分别是 ω_0=1 mm 和 r_0=3 mm。对于大气介质，分子转动的响

应的特征时间 τ_k=70 fs [14]，因此，选择初始脉冲的脉宽分别为 τ_0=40、50、60、70、80、85、100 fs。另外，在前面的工作中 [11]，我们已经详细讨论了不同的几何聚焦参数（即 C_r 和 f ）对环形高斯光特性的影响。因此这里，选取固定的空间啁啾系数 C_r=11 mm^{-1}（对应的当锥透镜的折射率 $n=1.45$ 时，锥透镜的底角 $\alpha=0.178°$ ），凹透镜的焦距 $f=-8$ m 。

图 4.2（a）给出了，不同的初始脉冲宽度 τ_0 下，由环形高斯光束所产生的峰值等离子密度随传输距离 z 的演化。虚线表示非线性自聚焦包括瞬时克尔效应和延迟克尔效应，黑色点线表示非线性自聚焦只包含瞬时克尔效应。图 4.2（b）给出了对应的脉冲能量随传输距离的演化。在图 4.2（a）中，对于脉宽 τ_0=40 fs，可以看出延迟克尔效应对峰值等离子体密度的演化几乎无影响，这也就说明在前面的工作中忽略延迟克尔效应的贡献是可行的 [12]。随着脉冲宽度的增加，当增加到 τ_0=60 fs 时，延迟克尔效应的出现使光丝起点位置提前，光丝长度增大，但峰值等离子密度出现振荡，因此光丝的稳定性和均匀性下降。同样的现象也可以在脉宽取 τ_0=65 fs、70f s、80 fs、85 fs 时观察到。

图 4.2（c）定量给出了不同脉宽 τ_0 的环形高斯光束在考虑延迟克尔效应（虚线）和不考虑延迟克尔效应（黑色点线）两种情况下，所产生的光丝的起点位置（实心菱形标记）和光丝的长度（空心圆标记）。在这里，我们定义等离子体密度急剧增长的位置为光丝起点，光丝在最后聚焦周期内，当等离子体密度低于 10^{14} cm^{-3} 时，光丝结束，则从光丝起点到结束位置的传输距离为光丝长度。从图 4.2（c）可以看出，在每一个固定脉宽下，菱形虚线基本上总是低于菱形点线，这也说明了当考虑延迟克尔效应后，光丝起点位置被提前。然而，随着脉冲宽度的增加，对于考虑延迟克尔效应和只考虑瞬时克尔效应两种情况，光丝的起点位置都是延后的，因为此时在输入能量固定时，初始的峰值功率是降低的 [见 4.2（c）插图]。这个结果与高斯光丝传输的结果一致 [15]。另外，对于每一个固定脉宽，当考虑延迟克尔效应时（空心圆标记的虚线），光丝的长度总是大于只考虑瞬时克尔效应时（空心圆标记的点线）的情况。这也意味着延迟克尔非线性效应扩展了光丝长度。当脉宽增加到 τ_0=100 fs 时，即远离介质的特征时间时，由于初始功率的减小，延迟克尔效应对光丝的影响又变得很小，几乎可以忽略。因此，对于特征时间附近的

脉冲宽度，延迟克尔非线性效应强烈地影响着光丝的特性，这与传统高斯光丝传输的结果略有不同[6]。

在分子转动响应的特征时间附近，延迟克尔效应导致环形高斯光丝的长度被扩展，这也可以从能量随传输距离的演化中看到，如图 4.2（b）所示。当考虑延迟克尔效应后能量的损耗速度变得缓慢，例如对于脉宽 τ_0=65 fs，当克尔自聚焦只包含瞬时克尔效应时，激光脉冲传输约 3.1 m 时，能量损耗占输入能量的 $\Delta E / E_{in} \approx 9\%$ 。而当考虑延迟克尔效应后，激光脉冲传输约 4.9 m 时，$\Delta E / E_{in} \approx 8.2\%$ 。正是缓慢的能量损耗，才导致了光丝长度的扩展[见图 4.2（a）和图 4.2（b）中的虚线]。为了进一步理解延迟克尔效应对光丝影响的机制，我们进一步从延迟克尔效应对环形高斯光束传播动力学的影响去分析。

4.1.3 环形高斯光丝的传播动力学

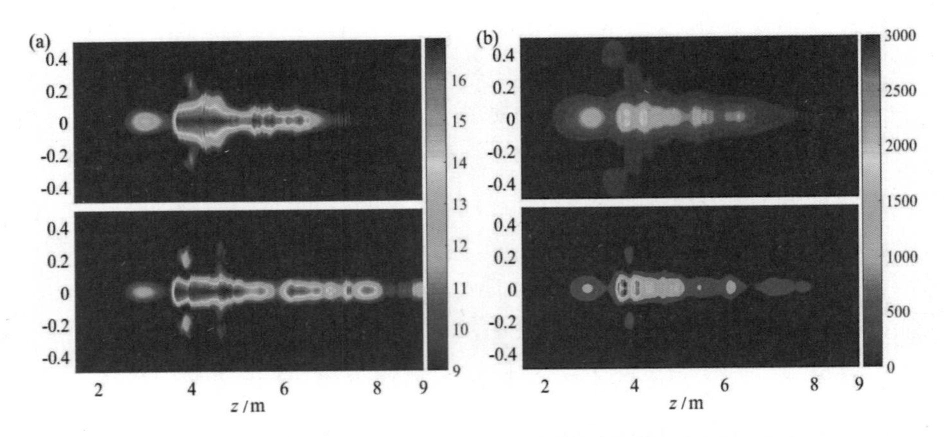

图 4.3　环形高斯光在大气中产生的峰值等离子体密度和能量通量图

（a）环形高斯光束等离子体密度（对数刻度，以 cm^{-3} 为单位。）的空间分布和（b）能量通量（以 mJ/cm^2 为单位）分布随传输距离 z 的演化。第一行表示非线性自聚焦只包含瞬时克尔效应，第二行表示包含瞬时克尔效应和延迟克尔效应的情况，脉宽 τ_0=60 fs

这部分主要从环形高斯光束的空间和时间分布两个方面探究延迟克尔效应对传播动力学的影响。初始参数选用的是图 4.2 中 τ_0=60 fs 时的参数。图 4.3（a）和图 4.3（b）分别给出了飞秒环形高斯光束在大气中

传输的等离子体密度(对数刻度)和能量通量($F(r,z)=\int_{-\infty}^{\infty}\left|A(r,t,z)\right|^2\mathrm{d}t$)的空间分布。上边的一行是克尔自聚焦只包含瞬时克尔效应,下边的一行是考虑延迟克尔效应后的情况。从图 4.3(a)中可以看到,延迟克尔效应的出现导致等离子体通道的长度增加,这可以从图 4.3(b)能量通量的空间分布来解释。在光丝形成之前,延迟克尔效应导致光通量减小。例如,对于传输距离 z=3.057 m,当考虑延迟克尔效应后,最大通量 $F_{max}=0.99\times10^3$ mJ/cm^2,而不考虑延迟克尔效应时,最大通量 $F_{max}=1.57\times10^3$ mJ/cm^2。这是因为当激光强度和等离子体密度较低时,延迟克尔效应的出现减弱了自聚焦效应从而抑制了通量的增长。因此,此时延迟克尔非线性效应对通量的影响比只考虑瞬时克尔效应对通量的影响要小。而在光丝形成之后,光的强度达到了光丝的钳制强度,与非线性自聚焦有关的 N_k 与光丝光强成正比[见方程(4.2)]。从图 4.3(b)可以看出,当传输距离 z=3.794 m 时,最大通量从不考虑延迟克尔效应时的 $F_{max}=0.99\times10^3$ mJ/cm^2 增大到考虑延迟克尔效应后的 $F_{max}=1.57\times10^3$ mJ/cm^2。即延迟克尔效应极大地促进了通量的增加。这时考虑延迟克尔效应后的大的能量通量使等离子体密度在光丝的起始位置处急剧增长,同时也导致脉冲能量在光丝的起始位置处急剧损耗[见图 4.2(b)中虚线]。随着光丝的传播,快速的能量损耗使等离子体密度迅速降低,从而使峰值等离子体密度随传输距离的演化出现了一个凹陷。然而,这时激光光束的功率($P\approx60$ GW)仍高于其临界功率,从而使脉冲进行再次聚焦。这就意味着峰值等离子体密度出现振荡,导致光丝变得不稳定、不均匀[见图 4.2(a)中蓝色虚线]。当再聚焦成丝后,能量的损耗变得缓慢。因此,在特征时间附近的脉宽下,总能量损耗在考虑延迟克尔效应后要小于只有瞬时尔效应时的情况,最终使得光丝得以扩展。

为了深入地理解延迟克尔效应对环形高斯光丝的影响,进一步探究了脉宽 τ_0=60 fs 时,光丝的时间动力学行为。图 4.4(a)给出了轴上光强的时间分布随传输距离 z 的演化。同图 4.3(a)一样,上边的一行是克尔自聚焦只包含瞬时克尔效应,下边的一行是考虑延迟克尔效应后的情况。从图 4.4(a)可以看出,延迟克尔效应对光丝形成前后的光强分布有很强的影响。轴上强度在不同传播距离 z 处的时间分布如图 4.4(b)

所示。蓝色实线表示非线性自聚焦包括瞬时和延时克尔效应，黑色点线表示非线性自聚焦只包含瞬时克尔效应。

在光丝形成之前，对于不考虑延时克尔效应的情况 [图 4.4（b）的黑色虚线]，激光脉冲发生劈裂且两个劈裂峰对称出现，然后两峰间的时间延迟越来越大，同时峰值强度越来越低。随着激光脉冲的传播，另一个劈裂事件发生。该结果与文献 [12] 中所描述的一致。然而，延迟克尔非线性效应的出现使激光脉冲不再对称劈裂，而且使激光脉冲强度下降。而且，在 z=2.95 ~ 3.4 m 这段传播距离内，脉冲后沿的光强比脉冲前沿的光强下降得更快，从而使得脉冲前沿形成。随着激光脉冲的传播，脉冲前沿由于多光子电离导致光强减弱，等离子体密度逐渐下降，而此时脉冲后沿发生再聚焦，使能量重新汇聚到脉冲中心。于是，在 z=3.4 ~ 3.6 m，脉冲中心的光强迅速上升，最终导致光丝起点位置提前。

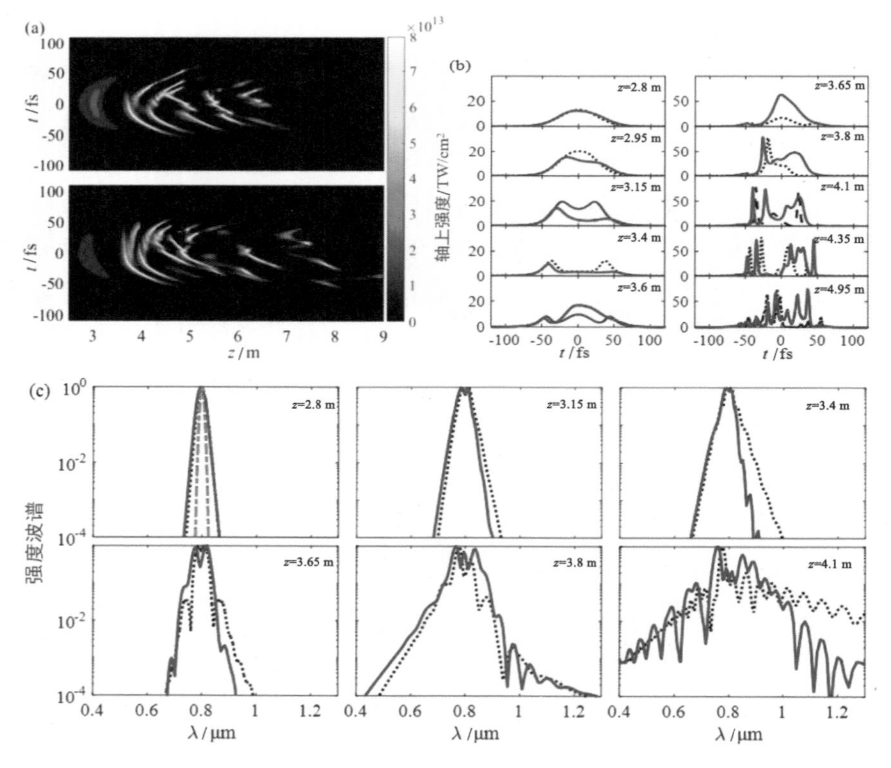

图 4.4　环形高斯光在大气中传输的时间动力学和波谱图

在脉宽为 60 fs 下，(a) 轴上强度的时间分布随 z 的变化，其中第一行为不考虑延迟克尔效应，第二行为考虑延迟克尔效应后的情况；（b）在不同传播距离 z 下的轴上强度时间分布；（c）不同传播位置处的波谱强度（黑色点线表示不考虑延迟克尔效应，蓝色实线表示考虑延迟克尔效应后的情况，红色点虚线为初始强度波谱）。

在光丝形成之后（$z > 3.65$ m），通过对比图 4.4（b）中的蓝色实线和黑色点线，可以发现，延迟克尔效应使得脉冲后沿的自聚焦明显增强。而且考虑延迟克尔效应后，脉冲再聚焦周期也要多于只考虑瞬时克尔效应的情况。此外，再聚焦过程也会导致脉冲尾部发生振荡。最终环形高斯光丝被扩展，如图 4.3（a）和图 4.4（a）第二行所示。值得注意的是，尽管延迟克尔效应使环形高斯光束和高斯光束[6]所产生的光丝都被扩展，但这两种激光脉冲的非线性动力学机制是完全不同的。环形高斯光束的初始横向分布导致了环形高斯光束的脉冲劈裂和脉冲能量的重新分配，这部分内容在文献 [12] 中进行了详细的分析。因此，当考虑延迟克尔效应后，不同的动力学机制导致了两种激光脉冲成丝传输特性的不同，如光丝的起点位置和均匀性等。

图 4.4（c）给出了图 4.4（b）中一些位置处的波谱强度。红色点虚线表示的是初始位置的波谱。可以看出，随着传播距离的增加，波谱向两边扩展。特别地，当光丝形成之后（z>3.65 m），波谱宽度明显被扩展。而且延迟克尔效应增强了波谱向蓝边的扩展，这种拉曼蓝移效应与高斯光成丝时的情况相似[5,6]。随着光丝的传输，波谱出现变形和剧烈的振荡，这是由于在脉冲时间分布中不同劈裂峰之间产生的相长相消导致的。同时，波谱的强烈调制也导致了脉冲时间分布的强烈变形。

4.1.4 小结

本小节从理论上研究了延迟克尔效应对飞秒环形高斯光丝在大气中传输的影响。当激光脉冲宽度固定时，延迟克尔效应的出现导致光丝产生的起点位置要早于只有瞬时克尔非线性效应的情况。同时，不论延迟克尔效应的存在与否，随着脉冲持续时间的增加，由于入射功率的减小，成丝起点位置都会被延迟。而且，在分子转动响应的特征时间附近，延迟克尔效应的出现会使光丝长度延长，以及峰值等离子体密度出现剧烈的振荡，最终导致光丝变得不稳定和不均匀。此外，延迟克尔效应还强烈影响环形高斯光束的传输动力学过程。在延迟克尔效应存在的情况下，能量通量被重新分配，导致总能量损耗速度的下降和光丝长度的延长。最后，通过对环形高斯光丝的时间动力学行为的分析，我们还发现延迟克尔效应的存在使脉冲在光丝形成之前就出现不对称劈裂，从而使光丝的起点位置提前。而当光丝形成之后，延迟克尔效应增强了脉冲后沿的自聚焦、进而导致光丝在传播过程中发生多次再聚焦。因此，环形高斯光丝的长度被延长。总之，研究延迟克尔效应对环形高斯光束在大气中成丝传输的影响，对深入理解环形高斯光束的长距离传输特性具有重要意义。

4.2 飞秒环形高斯光束在大气中产生的超连续波谱

当高功率的激光脉冲通过透明介质时，会产生高强度的光丝，其与物质发生强的非线性相互作用过程中，往往伴随着许多有趣的现象被观察到，如超连续谱产生 [16]，锥形发射 [21]，三阶或更高阶的谐波的辐射 [17-19] 等。自从 1986 年，Corkum 等人 [20] 首次通过在气体中聚焦强激光脉冲而产生超连续谱以来，这一领域的研究由于其潜在的应用前景，如远程遥感探测 [22,25]、超短脉冲的产生和压缩 [26,27] 等，就引起了人们的广泛关注。

对于飞秒激光成丝过程中，所伴随产生的超连续波谱，覆盖了从紫外到中红外的波谱范围。其原因主要源于自相位调制，等离子体生成和自陡峭等非线性效应。另外，在超连续辐射产生的过程中，许多因素，如初始激光脉冲的时间啁啾、偏振特性，以及外部聚焦条件等，都起着非常重要的作用。近年来，人们研究了各种宽带超连续波谱的产生方法，其中一种重要的方法是通过对强飞秒激光在大气中产生的光丝进行调控。2000 年，Kasparian 等人 [16] 研究了在 800 nm 波长下，2TW 飞秒激光脉冲在空气中产生连续白光光谱的行为，光谱覆盖的范围从 300 nm 延伸到 4.5 μm，而且随着输入激光脉冲能量的增加，在 1~1.6 μm

波谱范围内频谱强度也随之增加。2005 年，Yang 等人 [28] 研究了强飞秒激光脉冲在空气中长距离传播时偏振态对超连续谱产生的影响，研究发现，当激光强度超过空气击穿阈值时，圆偏振比线偏振的转换效率更高。2011 年，Liu 等人 [29] 探究了紧聚焦条件下，飞秒激光脉冲在大气中成丝伴随产生的超连续波谱的性质。2015 年，Jang 等人 [30] 提出首先将激光脉冲在空气中聚焦，然后将激光脉冲与空气相互作用产生的超连续谱再次聚焦，研究发现，这种方法与单聚焦时相比，即使是在相对较低的激光脉冲能量下，超连续谱的波谱展宽也可以得到很大的增强。2016 年，S. Rostami 等人 [31] 报告，当输入激光脉冲为特定的椭圆偏振时，可以观察到在光丝传输过程中，伴随产生的超连续谱被展宽了许多，实验结果和数值模拟都表明，双原子分子的转动动力学机制在光丝诱导的超连续波谱产生过程中起着重要的作用，并可以通过改变椭圆极化率来控制。

一般情况下，超连续波谱都是由传统的高斯激光脉冲产生的。然而，脉冲形状的改变也是引起波谱展宽的一个关键因素。它可以通过调节空间参数，影响光丝强度的时空分布，进而影响超连续波谱的特性。目前，已有许多研究报道了，用不同的脉冲形状，如贝塞尔光束 [10,32]、超高斯光束 [33]、光学涡旋光束 [11,34] 和平顶高斯光束 [35] 等，来调制光丝中所产生的超连续谱。因此，我们对强飞秒环形高斯光丝所产生的超连续波谱进行研究具有重要的意义。

在本小节中，首先，探究环形高斯光束经锥透镜和凹透镜组成的光学系统聚焦后所产生的波谱特征。其次，从轴上强度和电子密度的时间分布分析了波谱展宽的原因。最后，讨论了初始脉冲能量和空间啁啾对波谱展宽的影响。

4.2.1 环形高斯光在大气中产生的超连续谱

这里，我们仍采用强飞秒环形高斯光束通过锥透镜和凹透镜组成的光学系统后在大气中传输的理论模型。考虑飞秒激光在大气中传输时所经历的衍射，群速度色散，克尔非线性，电子散焦和多光子电离等效应，仍然采用（3D+1）非线性薛定谔方程与耦合的电子密度方程来描述。在数值求解耦合方程时，仍然使用时间上快速傅里叶变换和空间上

Crank-Nicholson 差分方法。其中时间域的分辨率 dt=0.46 fs 我们，横向的空间分辨率 dr=8.0 μm[8,37]。选取的脉冲参数为：脉宽 τ_0=40 fs，束腰宽度和光束半径分别是 ω_0=1 mm，r_0=3 mm。

首先，讨论由环形高斯光束产生的超连续谱。初始脉冲能量为 E_{in}=1.5 mJ，锥透镜引入的空间啁啾系数 C_r = 11 mm^{-1}，凹透镜的焦距 f = −8 m。图 4.5(a)给出了环形高斯光束产生的峰值等离子体密度(黑色实线)和峰值光强(虚线)随传输距离 z 的演化。从中可以看出，环形高斯光束在大气中传输时已形成光丝。光丝的峰值强度的最大值达到了 I_{max}=7.2×10^{13} W/cm^2(钳制光强为 $I \approx 5.66 \times 10^{13}$ W/cm^2)，峰值等离子体密度超过了 10^{16} cm^{-3}。图 4.1(b)给出了环形高斯光的波谱强度分布，从图中可以看到，在光丝形成之后，波谱向两边急剧地展宽，并且可以看到波谱向短波方向上移动，而且非常的平滑。

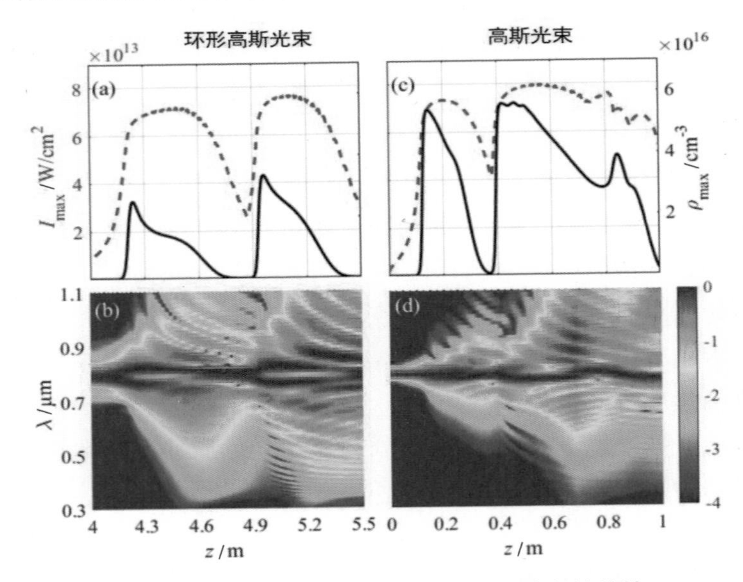

图 4.5　环形高斯光束和高斯光束产生的光丝特性

(a)环形高斯光束和(c)高斯光束产生光丝的峰值光强(左坐标，虚线)和峰值等离子体密度(右坐标，黑色实线)的演化；(b)和(d)分别相应于(a)和(c)超连续波谱随传输距离 z 的演化

为了更好地理解环形高斯光束在大气中产生的超连续谱，图 4.5(c)和图 4.5(d)给出了与图 4.5(a)和图 4.5(b)对应的高斯光束的情况，

这里高斯光束 [r_0=0 mm] 的初始条件与环形高斯光束的相同。对比图 4.5（a）和图 4.5（c），可以发现，在相同条件下，高斯光束产生的峰值等离子体密度和峰值光强的最大值都要比环形高斯光束的大。但从波谱向短波方向的扩展来看，可以看到在成丝起点位置处，环形高斯光束的波谱从 800 nm 光滑地展宽到 305 nm[见图 4.5（b）]，这明显优于高斯光束在刚开始成丝时的波谱展宽 [见图 4.5（d）]。

光丝伴随的波谱展宽主要原因是由于折射率随时间的变化引起的，而且频率转移 $\Delta\omega$ 可以由下式决定[36,29]：

$$\begin{aligned}\Delta\omega &= -\frac{\partial\phi}{\partial t}-\omega_0\\ &= -\frac{zn_2\omega_0}{c}\frac{\partial I(r,t)}{\partial t}+\frac{z\omega_0}{2cn_0n_c}\frac{\partial\rho(r,t)}{\partial t}\end{aligned} \tag{4.6}$$

在上式中，第一和第二项分别表示轴上强度的时间变化引起的频率转移（$\Delta\omega_I(t)$）和等离子体密度的时间变化引起的频率转移（$\Delta\omega_\rho(t)$）。

图 4.6（a1）和图 4.6（a2）分别给出了环形高斯光束（点线）和高斯光束（实线）在两特征位置处的波谱，其中这两个位置分别对应于图 4.5（b）和图 4.5（d）中光丝的起始位置处和第一次波谱在短波方向展宽达到最大值处。很明显可以看到，环形高斯光丝的波谱宽度（点线）要大于高斯光束（实线）的波谱宽度。这可以从式（4.6）中的与光强有关的自相位调制和由电离引起的频率转移来解释。图 4.6（b）和图 4.6（d）分别给出了环形高斯光束和高斯光束在时间域上的频率转移 $\Delta\omega$（实线），相应的自相位调制引起的频率转移（$\Delta\omega_I(t)$ 用长条虚线表示，以及电离引起的频率转移 $\Delta\omega_\rho(t)$ 用点线表示。为了更深入地了解两种效应时间梯度效应，图 4.6（c）和图 4.6（e）分别给出了轴上强度（长条虚线）和电子密度（点线）的时间分布。

第一阶段，即光丝形成的起始位置（环形高斯光束 z=4.24 m，高斯光束 z=0.146 m），波谱向蓝边和红边都有展宽 [见图 4.6（a1）]。由图 4.6（b1）可知，红移频率出现在脉冲的前沿，即 $\partial I/\partial t>0,\ \ \Delta\omega_I(t)<0$。而蓝移频率出现在脉冲的后沿，即 $\partial I/\partial t<0, \Delta\omega_I(t)>0$ 和电离 $\partial\rho/\partial t>0$，$\Delta\omega_\rho(t)>0$。另外，在光丝的起始位置处，由于脉冲强度超过了钳制强度，使得电子密度迅速增长，从而导致电离诱导的频率转移在波谱向蓝边的展宽中占了主导作用 [见图 4.6 图 4.6（b1）中虚线]。高斯光丝类似的行为如图 4.6（d1）和图 4.6（e1）所示。但通过和图 4.6（b1）和图 4.6（d1）比较，可以看出高斯光丝的频率转移值比环形高斯光丝的频率转移值小了一个数量级。因此，在相同的初始条件下，高斯光丝的波谱展宽要比环形高斯光丝的波谱展宽要窄。

第二阶段，即随着光丝的传输，两光束在第一次波谱在短波方向展宽达到最大值的位置处。此时，对应的位置分别为：环形高斯光丝在 z=**4.6 m** 和高斯光丝在 z=**0.3 m**。这时环形高斯光丝的波谱展宽要远大于高斯光丝时的情况。此外，环形高斯光丝波谱的短波部分覆盖了整个可见光的波长范围，并达到了截止波长 λ=**305 nm**。但这时由于电子密度的减小，使得光强变化引起的频率转移在环形高斯光丝和高斯光丝的波谱展宽中占了主导作用。此外，环形高斯光丝的强度劈裂峰比高斯光丝的更窄 [见图 4.6（c2）和图 4.6（e2）]，这将导致环形高斯光丝的时间梯度更陡 [见图 4.6（b2）]。因此，环形高斯光丝具有更宽的超连续波谱。

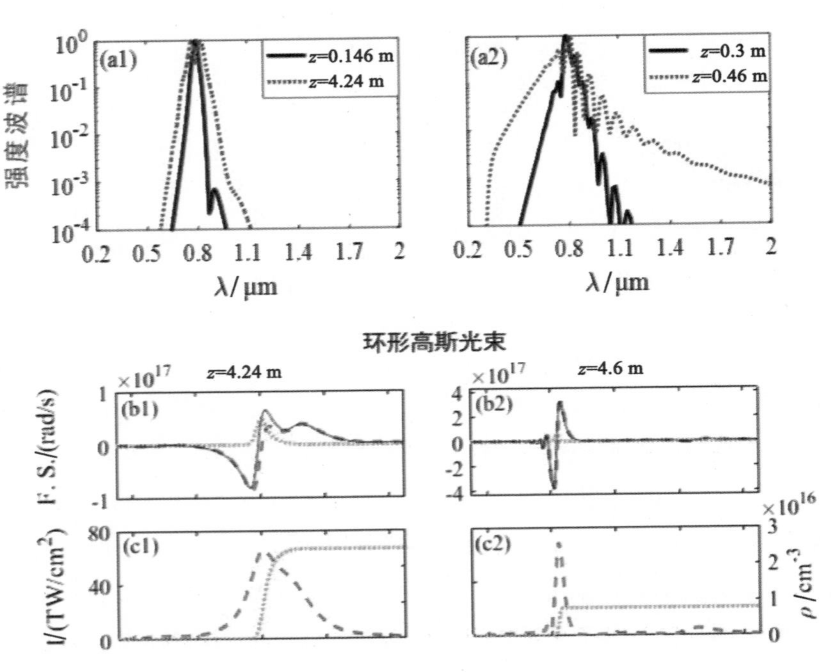

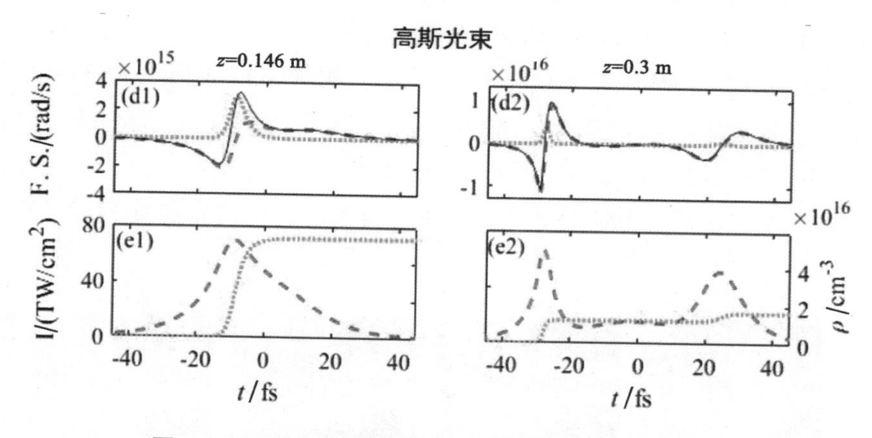

图 4.6　环形高斯光和高斯光的波谱和频率转移图

（a1）~（a2）不同位置处环形高斯光束（点线）和高斯光束（实线）的波谱展宽；（b1）~（b2）（环形高斯光束）和（d1）~（d2）（高斯光束）为不同位置处频率转移 $\Delta\omega$（实线）的时间分布，其中也给出了自相位调制和等离子体生成诱导的频率转移，分别用 $\Delta\omega_I(t)$（长条虚线）和 $\Delta\omega_\rho(t)$（点线）表示，（c1）~（c2）和（e1）~（e2）分别表示对应的轴上光强和等离子体密度的时间分布

随着光丝的传播，高斯光丝的波谱在再聚焦周期内不断展宽，最终覆盖了整个可见光的波长范围 [见图 4.5（d）]。然而，与光滑的环形高斯光丝的超连续波谱相比，高斯光丝的超连续波谱出现了振荡。因此，利用环形高斯光束产生超连续谱是一种有效的途径。

4.2.2 脉冲能量对环形高斯光丝超连续谱的影响

在这一部分，我们讨论脉冲能量对环形高斯光丝波谱展宽的影响。在上述参数不变的情况下，图 4.7（a）和图 4.7（b）分别给出了不同脉冲能量下的波谱展宽和轴上强度时间分布随传输距离 z 的演化。对于第一个聚焦周期，当初始脉冲能量较低时，如 E_{in}=1.3 mJ，尽管光滑的超连续波谱覆盖了整个可见光范围，但此时扩展的波谱还未达到紫外截止频率 [见图 4.7（a1）]。随着初始脉冲能量的增大，当脉冲能量为 E_{in}=1.5 mJ 和 E_{in}=2.0 mJ 时，超连续波谱达到了紫外截止频率，如图 4.7（a2）和（a3）所示。这可以从轴上强度的时间分布去解释。所有脉冲在前沿部分首次自聚焦时，对于较低的初始脉冲能量，E_{in}=1.3 mJ，脉冲前沿的轴上光强，及其时间梯度（未画出）是要低于 E_{in}=1.5 mJ 和 E_{in}=2.0 mJ 的情况。当初始脉冲能量增大到 E_{in}=3.0 mJ 时，由于光丝钳制强度的限制，超连续波谱在短波方向的扩展不再超过截止波长。而且，由于脉冲强度在时间分布上发生多次劈裂［见图 4.7（b4）］，此时的超连续谱出现了较强的振荡。因此，选择适当的初始脉冲能量是获得更宽、更光滑超连续谱的关键。

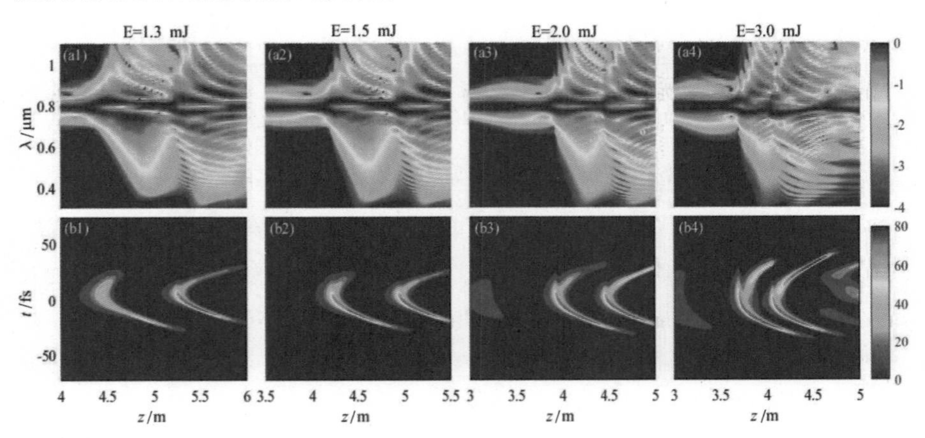

图 4.7　环形高斯光束在不同脉冲能量下产生的超连续波谱和轴上强度的时间分布图

（a）强度波谱的演化；（b）轴上强度的时间分布随传播距离 z 的演化。其中空间啁啾系数 C_r =11 mm^{-1}，其余初始参数和图 4.1 的相同

4.2.3 空间啁啾对环形高斯光丝超连续谱的影响

由前面的介绍可知，外部聚焦也会强烈影响超连续谱的分布。这一部分，我们主要探究空间啁啾对环形高斯光束超连续波谱的影响。图 4.8（a）给出了，当初始脉冲能量 E_{in}=2.0 mJ，不同空间啁啾系数下，波谱首次在短波方向展宽到最宽时的波谱强度分布，相应的轴上强度的时间分布，如图 4.8（b）所示。随着空间啁啾系数的增大，这意味着几何聚焦的焦距越来越小，因此光丝的起点位置逐渐被提前，对应的波谱展宽首次达到最大值的位置也被提前。同时，我们还发现，在紧聚焦条件下，波谱展宽被抑制［见图 4.8（a）中的 C_r=20 mm^{-1}］。相反，在弱聚

焦条件下，波谱达到了紫外截止频率[见图4.8（a）中的 C_r=11 mm^{-1} 和 C_r=15 mm^{-1}]，而且覆盖了整个可见光的频率范围。这是因为，在聚焦较弱时，脉冲前沿轴上光强，及其时间梯度(未显示)较大[见图4.8（b）]。此时，依旧是强度诱导的频率转移在波谱向短波方向的展宽中占主导作用[我们也通过图4.6（b）的方式进行了验证，这里未展示]。因此，选取适当的空间啁啾系数，也会使超连续辐射覆盖整个可见光频率范围。

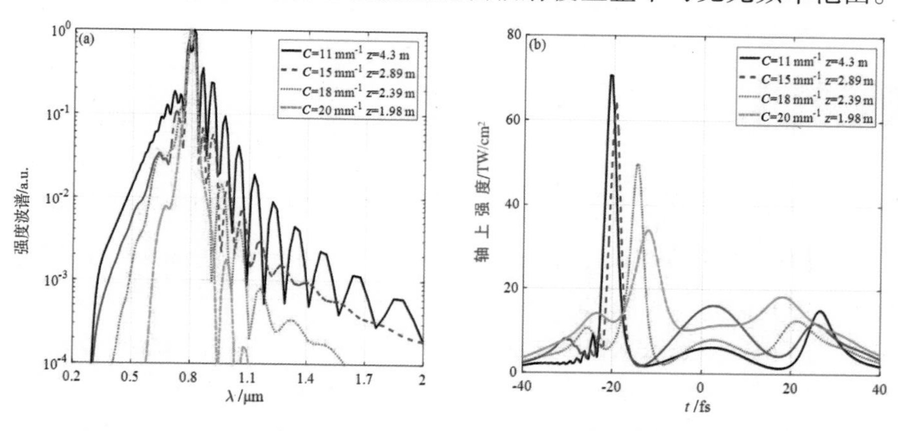

图4.8　不同空间啁啾系数下的强度波谱和对应位置的轴上强度分布图

（a）波谱在短波方向上第一次展宽到最大的传播位置处的环形高斯光束的强度波谱分布；（b）对应位置的轴上强度时间分布。初始脉冲能量为 E_{in}=2 mJ，其余参数和图4.1相同

4.2.4 小结

利用数值求解的方法，探究了环形高斯光束在大气中成丝时伴随产生的超连续辐射。并且和高斯光丝的波谱展宽在相同初始条件(即输入脉冲能量、脉冲宽度、束腰宽度，以及空间啁啾系数)下进行了比较。结果发现，在第一聚焦周期内，环形高斯光束在短波方向的波谱展宽要比相同条件下的高斯光束时的宽，尽管高斯光束在再聚焦周期内波谱展宽达到了与环形高斯光束同样的宽度，但伴随而来的是波谱的振荡。另外，我们从光强和电离诱导的频率转移两个方面分析了两特征阶段的波谱展宽。对于第一阶段，即在光丝的起始位置处，电离诱导的频率转移起着主导作用。而对于第二阶段，即在波谱向短波方向展宽到最宽时，

光强诱导的频率转移起着主导作用。此外，我们还发现，合适的脉冲能量（ E_{in}=1.5 mJ 和 E_{in}=2.0 mJ ）和空间啁啾（ C_r =11 mm^{-1} 和 C_r =15 mm^{-1} ）对环形光产生的光滑超连续谱向短波方向的展宽中起着关键的作用。总之，利用环形高斯光有效地产生超连续谱的方案，有可能在遥感探测大气污染物方面有着巨大的应用前景。

参考文献

[1] Wolf, Jean-Pierre. Short-pulse lasers for weather control [J]. Reports on Progress in Physics, 2018.

[2] Polynkin P, Kolesik M, Moloney J V, et al. Curved plasma channel generation using ultraintense airy beams [J]. Science, 2009, 324 (5924): 229-232.

[3] Scheller M, Mills M S, Miri M A, et al. Externally refuelled optical filaments[J]. Nature Photonics, 2014, 8 (4): 297-301.

[4] Mills M, Heinrich M, Kolesik M, et al. Extending optical filaments using auxiliary dress beams[J]. Journal of Physics B: Atomic, Molecular and Optical Physics, 2015, 48 (9): 094014.

[5] Chiron A, Lamouroux B, Lange R, et al. Numerical simulations of the nonlinear propagation of femtosecond optical pulses in gases[J]. The European Physical Journal D-Atomic, Molecular, Optical and Plasma Physics, 1999, 6 (3): 383-396.

[6] Nurhuda M, E. van Groesen. Effects of delayed kerr nonlinearity and ionization on the filamentary ultrashort laser pulses in air [J]. Physical Review E, 2005, 71 (6): 066502.

[7] Wang L, Ma C, Qi X, et al. The impact of the retarded kerr effect on the laser pulses'propagation in air [J]. The European Physical Journal D, 2015, 69 (3): 72.

[8] Neshev D N, Dreischuh A, Maleshkov G, et al. Supercontinuum generation with optical vortices[J]. Optics Express, 2010, 18（17）: 18368–18373.

[9] Maleshkov G, Neshev D N, Petrova E, et al. Filamentation and supercontinuum generation by singular beams in self-focusing nonlinear media[J]. Journal of Optics, 2011, 13（6）: 064015.

[10] Majus D, Dubietis A. Statistical properties of ultrafast supercontinuum generated by femtosecond gaussian and bessel beams: A comparative study [J]. Journal of the Optical Society of America B, 2013, 30（4）: 994.

[11] Hansinger P, Maleshkov G, Garanovich I L, et al. White light generated by femtosecond optical vortex beams [J]. Journal of the Optical Society of America B, 2016, 33（4）: 681–690.

[12] Feng Z F, Li W, Yu C X, et al. Extended laser filamentation in air generated by femtosecond annular gaussian beams [J]. Physical Review A, 2015, 91（3）: 033839.

[13] Skupin S, Bergé L, Peschel U, et al. Interaction of femtosecond light filaments with obscurants in aerosols [J]. Physical Review Letters, 2004, 93（2）: 023901.

[14] Peñano J R, Sprangle P, Serafim P, et al. Stimulated raman scattering of intense laser pulses in air [J]. Physical Review E, 2003, 68（5）: 056502.

[15] Couairon A. Light bullets from femtosecond filamentation [J]. European Physical Journal D, 2003, 27（2）: 159-167.

[16] Kasparian J, Sauerbrey R, Mondelain D, et al. Infrared extension of the super continuum generated by femtosecond terawatt laser pulses propagating in the atmosphere [J]. Optics Letters, 2000, 25（18）: 1397–1399.

[17] Bergé L, Skupin S, Méjean G, et al. Supercontinuum emission and enhanced self–guiding of infrare d femtosecond filaments sustained by third–harmonic generation in air [J]. Physical Review E, 2005, 71（1）: 016602.

[18] Chen Y J, Fu L B, Liu J. Asymmetric molecular imaging through decoding odd-even high-order harmonics [J]. Physical Review Letters, 2013, 111 (7): 073902.

[19] Li W Y, Yu S J, Wang S, et al. Probing nuclear dynamics of oriented HeH+ with odd-even high-order harmonics [J]. Physical Review A, 2016, 94 (5): 053407.

[20] Corkum P B, Rolland C, Srinivasan-Rao T. Supercontinuum generation in gases[J]. Physical review letters, 1986, 57 (18): 2268.

[21] Nibbering E T J, Curley P F, Grillon G, et al. Conical emission from self-guided femtosecond pulses in air [J]. Optics Letters, 1996, 21 (1): 62-65.

[22] Kasparian J, Rodriguez M, Méjean G, et al. White-light filaments for atmospheric analysis [J]. Science, 2003, 301 (5629): 61.

[23] Petit Y, Henin S, Nakaema W M, et al. 1-J white-light continuum from 100-TW laser pulses[J]. Physical Review A, 2011, 83 (1): 013805.

[24] Ament C, Polynkin P, Moloney J V. Supercontinuum generation with femtosecond self-healing Airy pulses[J]. Physical review letters, 2011, 107 (24): 243901.

[25] Xu H L, Chin S L. Femtosecond laser filamentation for atmospheric sensing [J]. Sensors, 2011, 11 (1): 32-53.

[26] Hauri C P, Kornelis W, Helbing F W, et al. Generation of intense, carrier-envelope phase-locked few-cycle laser pulses through filamentation [J]. Applied Physics B, 2004, 79 (6): 673-677.

[27] Stibenz G, Zhavoronkov N, Steinmeyer G. Self-compression of millijoule pulses to 7.8 fs duration in a white-light filament [J]. Optics Letters, 2006, 31 (2): 274-276.

[28] Yang H, Zhang J, Zhang Q J, et al. Polarization-dependent supercontinuum generation from light filaments in air [J]. Optics Letters, 2005, 30 (5): 534-536.

[29] Liu X L, Liu X, Liu X, et al. Broadband supercontinuum generation in air using tightly focused femtosecond laser pulses [J].

Optics Letters, 2011, 36 (19): 3900–3902.

[30] Jang D G, Nam I H, Kim M S, et al. Generation of broadband supercontinuum light by double–focusing of a femtosecond laser pulse in air [J]. Applied Physics Letters, 2015, 107 (13): 131105.

[31] Rostami S, Chini M, Lim K, et al. Dramatic enhancement of supercontinuum generation in elliptically–polarized laser filaments [J]. Scientific Reports, 2016, 6, 20363.

[32] Dubietis A, Polesana P, Valiulis G, et al. Axial emission and spectral broadening in self–focusing of femtosecond bessel beams [J]. Optics Express, 2007, 15 (7): 4168–4175.

[33] Grow T D, Ishaaya A A, Vuong L T, et al. Collapse dynamics of super–gaussian beams [J]. Optics Express, 2006, 14 (12): 5468–5475.

[34] Neshev D N, Dreischuh A, Maleshkov G, et al. Supercontinuum generation with optical vortices [J]. Optics Express, 2010, 18 (17): 18368–18373.

[35] Zhan L, Xu M, Xi T, et al. Contributions of leading and tailing pulse edges to filamentation and supercontinuum generation of femtosecond pulses in air [J]. Physics of Plasmas, 2018, 25 (10): 103102.

[36] Chin S L. Femtosecond laser filamentation [M]. New York, Springer, 2010.

第 5 章

强飞秒环形高斯光在大气中成丝传输的透镜聚焦效应

5.1 引言

强飞秒激光脉冲在大气中传输时会产生很强的非线性自聚焦效应，导致空气中的分子电离。当激光的自聚焦效应和等离子体的散焦效应达到动态平衡时，将形成稳定的自引导传输，这种传输现象被称作“成丝”[1]。超强飞秒激光脉冲在大气中传输时，出现了很多前所未有的现象，像光丝强度被钳制[2]，长距离传输，多光丝的产生[3]，锥角辐射[4]，超连续光谱的产生[5,6]等，都包含了丰富的物质信息和物理思想。更为有趣的是飞秒激光丝在遥感探测[7,8]、激光诱导闪电[9]，以及 Thz 辐射[10]等领域都有着潜在的应用前景。因此，探索飞秒激光脉冲在大气传输过程中如何控制光丝的产生及其特性是非常重要的。

利用不同的透镜对空间相位调制是控制光丝特性的一种重要方式。2006 年，Théberge 等人[11]发现，高斯光束通过凸透镜在大气中传输，透镜的焦距强烈地影响等离子体密度和光丝的半径。2009 年，Akturk 等人[12]研究了高斯光束通过锥透镜的成丝特性，发现与传统凸透镜相比，锥透镜对光束的调制可以产生更长的等离子体通道。随后，Layer 等人[13]利用锥透镜实现了激光在氩气产生等离子体通道，并作为另一个激光束波导。2013年，Majus等人[14]对贝塞尔光束和低数值孔径聚焦的传统高斯光束产生的超连续光谱进行了研究，结果表明，两者的光谱特征和时间动力学特征都非常相似。2015年，Jang等人[15]提出双聚焦的方法，发现即使在能量相对较低（小于2.1 mJ）的情况下，也会使超连续光谱展宽得到增强。近年来，我们小组提出了一种新的产生长距离光丝的方法，即将一束强飞秒环形高斯光束（中心强度为零的空心光束）通过一个薄锥透镜和平凹透镜组成的光学系统后，发现在相同初始条件下，环形高斯光产生的光丝长度要比传统高斯光丝的长度约提高两倍[16]。并详细讨论了外部聚焦条件和脉冲参数对光丝特性的调制效应[17]。最近，我们又研究了此系统下的超连续辐射的产生，并讨论了锥透镜引入的空间啁啾系数对超连续波谱的影响[18]。另外，环形高斯光在平方根空间相位调制下，使光丝的长度比线性空间相位调制延长约两倍[19]。并且，与线性传输模型作比较，研究了不同初始能量的环形光束在空气中的非线性传输[20]。近年来，这类非传统形状的光束，如涡旋光束[21,22]、中空高斯光束[23]，及艾里光束[24]等在线性介质和非线性介质中的传播引起了人们的极大研究兴趣。由于这类光束在现代光学和原子光学等方面有着巨大的应用潜力，因此探索环形高斯光丝传输的一些普遍的或独特的非线性特性有着重要的意义。

本节对环形高斯光束在大气中传输的透镜聚焦效应进行系统的研究。主要分析凸透镜和锥透镜对光丝特性（如成丝的起点位置，光丝的长度和光丝的稳定性等），及其强度波谱的调制效应。根据实际应用所需，给出重要参数（凸透镜的焦距f和锥透镜引入的空间啁啾系数C）的调节范围。最后讨论初始脉冲能量对环形高斯光丝及其波谱的调制效应，给出产生光滑的超连续波谱的合适的脉冲能量范围。这将为实验提供很好的理论依据。

5.2 理论模型及方程

为了描述强飞秒环形高斯光在空气中传输的透镜聚焦效应，引入

（$3D+1$）非线性薛定谔方程和电子密度的耦合方程。激光电场包络 ε 在随脉冲移动的坐标系（$t \to t - z / v_g, v_g = c, c$ 是真空中的光速）下沿传播轴 z 演化，电子的产生主要考虑了多光子电离效应。耦合方程可写为：

$$\frac{\partial \varepsilon}{\partial z} = \frac{\mathrm{i}}{2k_0}\nabla_\perp^2 \varepsilon - \mathrm{i}\frac{\beta_2}{2}\frac{\partial^2 \varepsilon}{\partial t^2} + \mathrm{i}k_0 N_{Kerr}\varepsilon - \mathrm{i}k_0\frac{n_e}{2n_c}\varepsilon - \frac{\beta^{(k)}}{2}|\varepsilon|^{2K-2}\varepsilon \tag{5.1}$$

$$\frac{\partial n_e}{\partial t} = \frac{\beta^{(K)}}{Khw_0}|\varepsilon|^{2K}\left(1 - \frac{n_e}{n_{at}}\right) \tag{5.2}$$

$$N_{Kerr} = \frac{n_2}{2\tau_k}\int_{-\infty}^{t}\exp\left[-\frac{(t-t')}{\tau_k}\right]\left|\varepsilon(t')\right|^2 \mathrm{d}z' + \frac{n^2}{2}|\varepsilon|^2 \tag{5.3}$$

式中，$\nabla_\perp^2$ 为拉普拉斯算符，描述光束的横向衍射，$k_0 = 2\pi / \lambda_0$ 为波长 λ_0 对应的中心波数，这里我们选取波长 $\lambda_0 = 800\ \mathrm{nm}$。方程（5.1）右边的第二项表示群速度色散，其色散系数 $\beta_2 = 0.2\ \mathrm{fs^2/cm}$。第三项 N_{Kerr} 起因于强度依赖的非线性折射率，包括瞬时贡献和延迟贡献。在方程（5.2）中，非线性折射率 $n_2 = 3.2 \times 10^{-19}\ \mathrm{cm^2/W}$，拉曼响应特征时间 $\tau_k = 70\ \mathrm{fs}$。剩余项表示等离子体散焦和多光子电离效应。其中，多光子吸收系数 $\sigma_k = 2.88 \times 10^{-99}\ \mathrm{s^{-1}cm^{2K}/W^K}$ 和 $\beta^{(k)}=Kh\omega_0\sigma_k=3.1 \times 10^{-98}\ \mathrm{cm^{2k-3}/W^{k-1}}$，电离一个氧原子所需要的光子数 $K = 8$。另外 $n_c \approx 1.7 \times 10^{21}\ \mathrm{cm^{-3}}$ 和 $n_{at} = 5.4 \times 10^{18}\ \mathrm{cm^{-3}}$ 分别表示临界等离子体密度和初始中性氧分子密度。

考察一束环形高斯光分别通过一个凸透镜和一个锥透镜，凸透镜的焦距为 f，锥透镜的底角为 a。锥透镜将引入一个线性空间啁啾，$C \approx 2\pi(n - n_0)\alpha / \lambda_0$，使环形光在横向平面正比于 $\exp(-iCr)$，其中 r 为横向径向坐标。此时两入射脉冲可写为：

$$\varepsilon_1 = \varepsilon_0 \exp\left[\frac{(r-r_0)^2}{\omega_0^2} - \frac{t^2}{\tau_0^2}\right] \times \exp\left(-\mathrm{i}\frac{k_0 r^2}{2f}\right) \tag{5.4}$$

$$\varepsilon_2 = \varepsilon_0 \exp\left[\frac{(r-r_0)^2}{\omega_0^2} - \frac{t^2}{\tau_0^2}\right] \times \exp(-\mathrm{i}Cr) \tag{5.5}$$

其中，ε_0，ω_0 和 τ_0 分别是初始电场振幅；e^{-2} 束腰宽度和脉冲宽度；r_0 是光束的半径。

5.3 结果与讨论

理论计算基于中国科学院超级计算中心的SEC软件[25]。我们采用时间傅里叶变换和空间Crank-Nicholson差分(FCN)方法,数值求解耦合方程(5.1)和方程(5.2)。环形高斯光的束腰宽度和半径分别是$\omega_0 = 1\ \text{mm}$和$r_0 = 3\ \text{mm}$,脉冲宽度$\tau_0 = 40\ \text{fs}$。这里,光丝的起点被定义为等离子密度高于$1\times10^{14}\ \text{cm}^{-3}$后,第一次达到峰值的位置,并认为等离子体密度最终下降到$1\times10^{14}\ \text{cm}^{-3}$以下,不再上升时,成丝结束[26]。光丝的起点位置和结束位置之间的距离为光丝的长度。

5.3.1 不同透镜对光丝的调制效应

首先,讨论不同透镜对环形高斯光在大气中传输的调制效应。初始输入脉冲能量$E_{in} = 1.5\ \text{mJ}$。图5.1(a)表示在不同凸透镜焦距下,峰值等离子体密度和峰值光强随传播距离z的演化。从中可以看出,焦距f对环形高斯光在空气中传输所产生的光丝的特性具有强烈影响。随着焦距的增大,凸透镜聚焦能力会逐渐减弱。因此环形高斯光形成光丝的起点位置离光源的距离将会越来越远,光丝的长度也会随之增加,但光丝传输的稳定性会变弱。例如,当f=5 m、6 m等离子体丝出现了两个明显的聚焦散焦周期。这是由于克尔自聚焦将脉冲能量汇聚到传播轴上,激光强度会逐渐增强,当达到光丝的钳制强度($I_{clamp} \approx \left[2n_{2B}n_{cB} / \left(\sigma_{KB}t_p n_{at}\right)\right]^{1/(K-1)} \approx 2.25\times10^{13}\ \text{W/cm}^2$)时,就会电离空气产生足够的等离子体,这些等离子体将对光束起着散焦作用。如果散焦后的脉冲功率仍高于自聚焦功率阈值时,又会使脉冲再次聚焦,从而增加非线性相互作用长度,即光丝的长度被延长[27]。同时我们发现,随着焦距的增大,聚焦散焦的次数也会增加,如f=10 m,等离子体丝将会出现三个聚焦周期(这里没有放此图)。当焦距足够大,凸透镜的聚焦能力不足以平衡光束传输的衍射效应,光丝将不能形成。

锥透镜对环形高斯光丝传输的调制效应如图 5.1（b）所示。该图给出了不同空间啁啾系数(与锥透镜底角有关)下的峰值等离子体密度和峰值光强的演化。与图 5.1（a）相比,环形高斯光通过锥透镜聚焦所产生的光丝更加的不均匀。

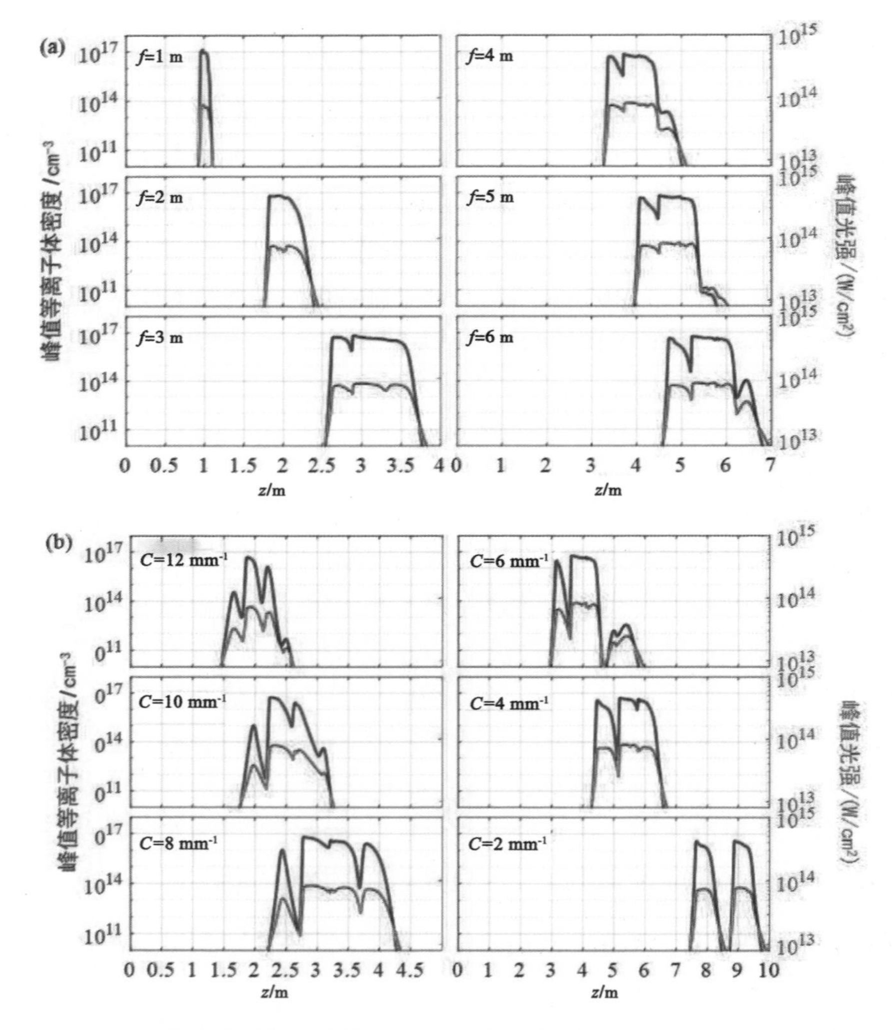

图 5.1　峰值等离子体密度(蓝线左坐标)和峰值光强(红线右坐标)随传播距离 z 的演化图

（a）不同凸透镜焦距的情况;（b）不同空间啁啾系数的情况

这是因为在相同输入能量下锥透镜聚焦能力更弱一些。空间啁啾系数从 $C=12\ \mathrm{mm}^{-1}$ 变化到 $C=2\ \mathrm{mm}^{-1}$，相应的聚焦能力减弱，产生等离子体丝的规律与凸透镜焦距从 $f=1\ \mathrm{m}$ 到 $f=6\ \mathrm{m}$ 是类似的（如光丝的起点位置和光丝的长度的变化）。但在锥透镜下环形高斯光产生光丝的起点位置离光源的距离会更远，因此在相同初始条件下，锥透镜对光丝的远程调控会更有利。

5.3.2 不同透镜对波谱的调制效应

图 5.2（a）和图 5.2（b）分别给出了不同焦距和空间啁啾系数下的环形高斯光丝的强度波谱图。从图 5.2（a）可以看出，当焦距较小时（$f=1\ \mathrm{m}$），光丝的波谱在 $\lambda_0=800\ \mathrm{nm}$ 中心两侧展宽非常窄。随着焦距的增大，波谱会逐渐展宽。这一变化规律与文献中的结果一致[28]。当等离子体丝出现明显的聚焦散焦周期时，波谱也相应地出现了聚焦周期，如图 5.2（a）中 f=5 m、6 m 所示，两个聚焦周期的波谱在短波方向覆盖了整个可见光波长的范围，即产生了超连续辐射。而且第一聚焦周期的波谱更加光滑，这对远程探测空气中污染物分子是非常有利的。另外，从不同空间啁啾系数下的波谱演化图 [见图 5.2（b）] 可以看出，锥透镜更有利于超连续波谱的产生，当 $C=12\ \mathrm{mm}^{-1}$ 时，波谱已经出现了两个聚焦周期，而且比图 5.2（a）中 $f=1\ \mathrm{m}$ 波谱要展宽得更宽一些。随着空间啁啾系数的降低，波谱的聚焦周期越来越明显，波谱在短波方向同样也覆盖了整个可见光波长的范围，而且在第二聚焦周期的波谱也比凸透镜聚焦下的波谱要更光滑，以及在两个聚焦周期中，波谱在传播方向的作用长度也更长一些，如图 5.2（b）$C=2\ \mathrm{mm}^{-1}$ 所示。

我们知道，波谱展宽是由于折射率随时间的变化引起时间域上的相位变化，进而产生频率变化引起的。因此，频率变化 $\Delta\omega$ 可写为：

$$\Delta\omega=-\frac{\partial\Phi}{\partial t}-\omega_0=-\frac{zn_2\omega_0}{c}\frac{\partial I(r,t)}{\partial t}+\frac{z\omega_0}{2cn_0n_c}\frac{\partial n_e(r,t)}{\partial t} \tag{5.6}$$

其中第一项和第二项分别表示轴上强度的时间变化（即自相位调制）和等离子体密度的时间变化引起的频率转移。为了更好地理解不同透镜对环形高斯光丝的波谱调制效应，我们考察了在不同凸透镜焦距和空间啁啾系数下，频率变化的最大值随传播距离的变化，如图 5.3（a1）

和(b1)所示。图 5.3(a2)和图 5.3(b2)是相应两种情况下,红色虚线位置处的强度波谱图。从中可以看出,无论是凸透镜聚焦还是锥透镜聚焦,波谱展宽较宽的位置与最大频率变化的峰值处相对应,如图 5.3(a1)和图 5.3(b1)的红色虚线所示。

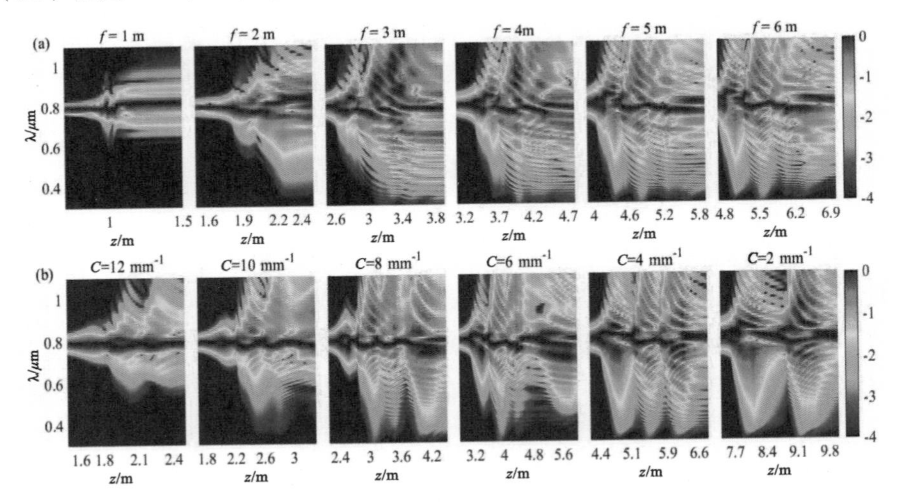

图 5.2 环形高斯光束的强度波谱图

(a) 不同凸透镜焦距的情况;(b)不同空间啁啾系数的情况

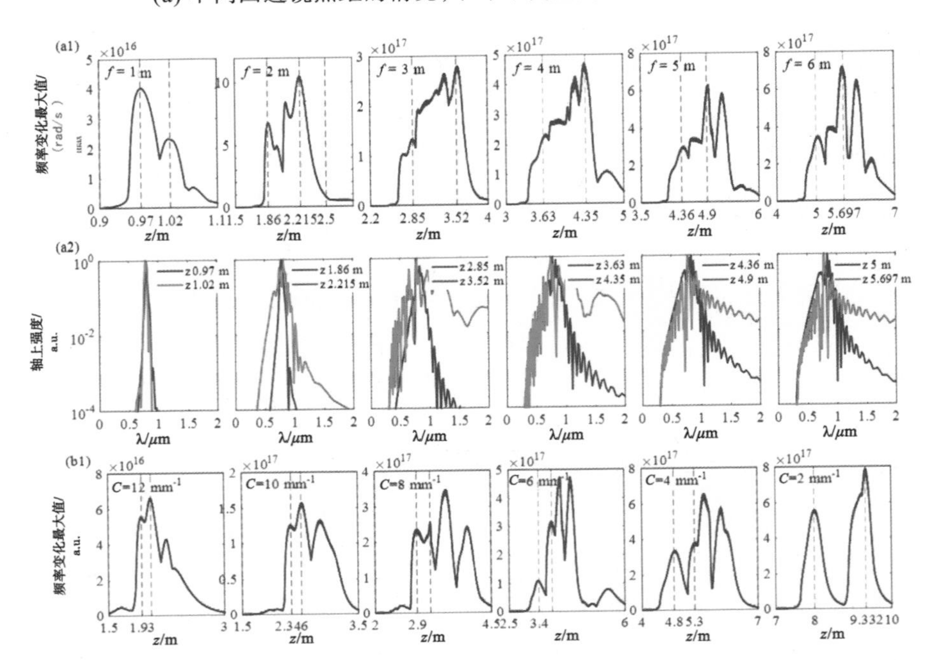

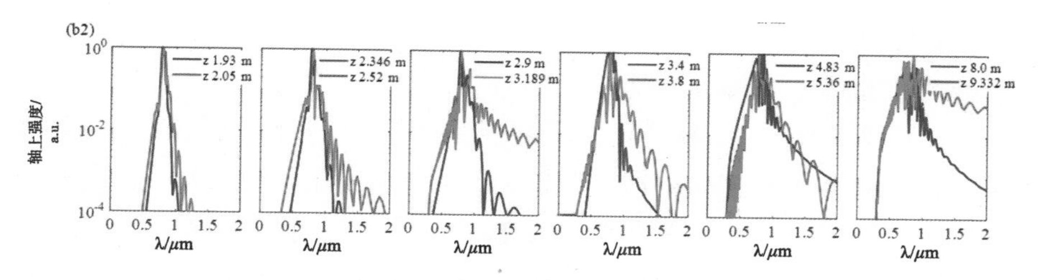

图 5.3 不同透镜对环形高斯光丝的波谱调制效应

（a1）（b1）在不同凸透镜焦距和空间啁啾系数下，频率变化的最大值随传播距离的变化；（a2）（b2）相应两种情况下，红色虚线位置处的波谱

在紧聚焦 f=1 m 的波谱展宽较窄，但仍对应 $\Delta\omega_{max}$ 的两个峰值。其它 f 和 C 中的红色虚线位置处基本都是波谱中的两个聚焦周期向短波方向展宽最宽的位置。但并不是最大频率变化（$\Delta\omega_{max}$）达到最大值才有利于超连续波谱产生。这是因为超连续波谱在短波方向有截至波长（或频率）的限制，当截至波长达到后，如果 $\Delta\omega_{max}$ 继续增大，将会使波谱出现较强的振荡，这将不利于探测空气中的污染物分子。

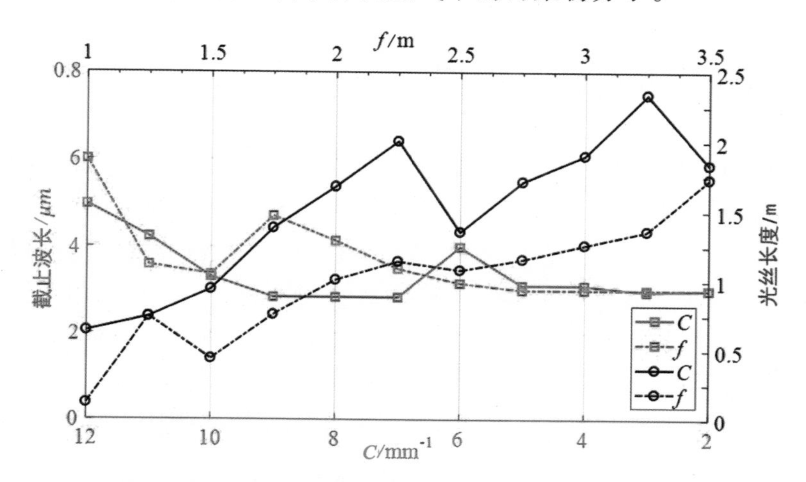

图 5.4 光丝截止波长（左轴）和长度（右轴）随凸透镜焦距（上轴）和空间啁啾系数（下轴）的变化

红色方块实线和红色方块虚线分别表示光丝截止波长随锥透镜空间啁啾系数和凸透镜焦距的变化；黑色圆圈实线和黑色圆圈虚线分别表示光丝长度随锥透镜空间啁啾系数和凸透镜焦距的变化。

另外，对不同透镜焦距和空间啁啾系数下的截至波长和光丝的长度做了统计分析。

如图 5.4 所示，圆圈实线和虚线分别表示，光丝的长度随空间啁啾系数 C 和焦距 f 的变化，方块实线和虚线分别表示，超连续波谱的截止波长随空间啁啾系数 C 和焦距 f 的变化。可以看出，随着透镜聚焦能力的减弱，光丝的长度呈现增长趋势，而且锥透镜聚焦效应要更优于凸透镜聚焦，如图 5.4 中的实线圆圈基本都高于虚线圆圈。这一现象与高斯光束在石英玻璃中传播的结论一致[29]。这是因为在相同初始条件下，锥透镜对环形光的聚焦会更缓慢一些，能量损耗也会减慢，这将更有利于光丝的长距离传输。而从图 5.4 中方块实线和虚线可以看出，在透镜聚焦能力较强（C 较大和 f 较小）时，方块实线大多数低于方块虚线，这说明锥透镜调制更有利于波谱向短波方向的展宽。随着透镜聚焦能力的减弱，两种透镜对光丝波谱的调制都可以在短波方向达到截至波长（300 nm 左右），但正如图 5.2（b）所给出的，锥透镜聚焦所产生的超连续波谱会更光滑一些。

5.3.3 不同脉冲能量对光丝的调制效应

图 5.5（a）和图 5.5（b）给出了不同能量下的最大等离子体密度随凸透镜焦距和空间啁啾系数的变化关系。对于凸透镜聚焦来说，当 f 较小时，输入脉冲能量越大，最大等离子体的密度随焦距的变化越剧烈（如 E=1.8 mJ、2 mJ）。当 f 较大时，能量对光丝的调制效应变得不明显，最大等离子体密度随焦距的变化也很缓慢。当固定输入脉冲能量，最大等离子体密度是随 f 的增大而逐渐降低的，与文献 [11] 一致。然而，对于锥透镜聚焦来说情况完全不同。首先，随着空间啁啾系数的减小，最大等离子体密度并不是单调变化，都是在 C 取某个值时，最大等离子体密度会达到一个最大值，如在能量 E=1 mJ 下，空间相位调制系数为 C=6 mm^{-1} 时，最大等离子体密度达到最大。而且能量对光丝的调制效应要比凸透镜聚焦情况要明显。从图 5.5（a）和图 5.5（b）也可看出，对于相同的输入脉冲的能量，锥透镜聚焦下的最大等离子体密度要小于凸透镜聚焦的情况。如：在能量 E=1.5 mJ 下，凸透镜焦距 f=3.5 m 和空间

啁啾系数 $C=7\ \mathrm{mm}^{-1}$ 的最大等离子体密度分别为 $6.79\times10^{16}\ \mathrm{cm}^{-3}$ 和 $6.2\times10^{16}\ \mathrm{cm}^{-3}$。

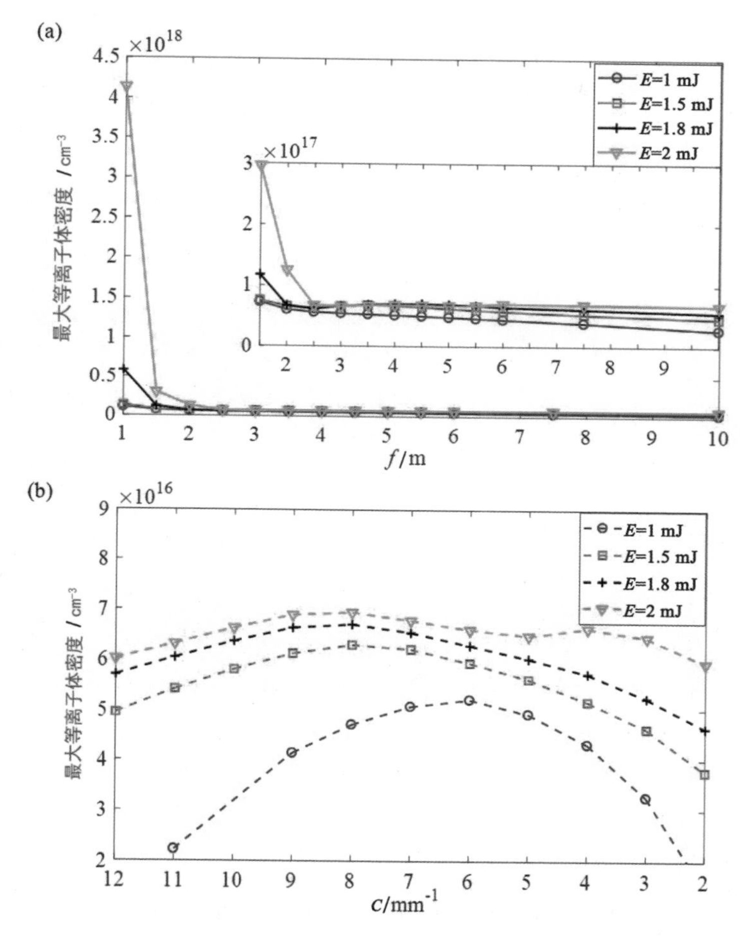

图 5.5　不同初始能量下，最大等离子体密度随不同透镜聚焦参数的变化

（a）凸透镜聚焦；（b）锥透镜聚焦

讨论不同能量对光丝的调制效应，选取 $f=5\ \mathrm{m}$ 和 $C=4\ \mathrm{mm}^{-1}$。图5.6（a1）和图5.6（b1）给出了凸透镜和锥透镜聚焦下，不同输入脉冲能量所产生的峰值等离子体密度和峰值光强随传播距离 z 的变化。从中可以看出，能量的增加对产生光丝的起点位置影响非常小，光丝长度略有延长。虽然随着能量的增加，初始激光强度会逐渐增加，但所产生光丝的等离子体密度和强度都分别保持在 $K_i''(\mathrm{fs}^2/\mathrm{cm})$ 和 $7\times10^{13}\ \mathrm{W/cm}^2$

左右。图 5.6（a2）和图 5.6（b2）给出了两种透镜聚焦下，不同输入脉冲能量的强度波谱。可以看出，能量对波谱的调制效应很明显。随着能量的增加，波谱出现较强的振荡，特别是在凸透镜聚焦情况下，当 $f=5\ \mathrm{m}$ 时，能量低于 1.5 mJ 更有利于形成光滑的超连续波谱。因此，在 f 和 C 一定的条件下，选择适当的初始脉冲能量对获得宽且光滑的超连续波谱起着关键的作用。

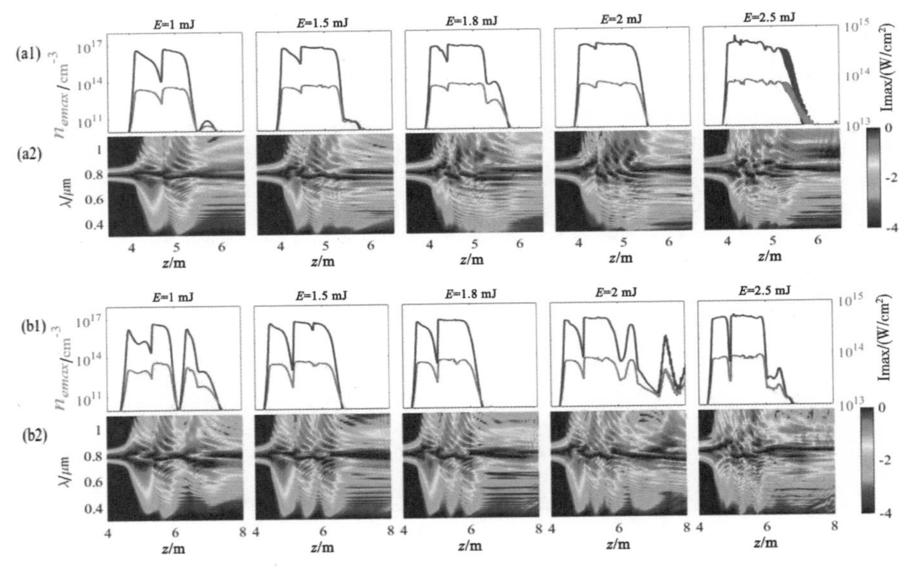

图 5.6　不同初始脉冲能量对光丝的调制效应

（a1）（b1）峰值等离子体密度和峰值光强随传播距离的演化；（a2）（b2）相应的强度波谱随传播距离的演化；（a1）（a2）凸透镜聚焦情况；（b1）（b2）锥透镜聚焦情况。其中凸透镜焦距 $f=5\ \mathrm{m}$，空间啁啾系数 $C=4\ \mathrm{mm}^{-1}$

5.4　本章小结

本章主要从理论上研究了强飞秒环形高斯光在大气中传输的透镜聚焦效应。当初始脉冲能量固定时，凸透镜的焦距 f 和锥透镜引入的空

间啁啾系数 C 对环形高斯光在空气中传输所产生的光丝的特性具有强烈影响。随着透镜聚焦能力逐渐减弱(f 增大和 C 减小),环形高斯光形成光丝的起点位置离光源的距离会越来越远,光丝的长度也会随之增加,但光丝传输的稳定性会变弱。由于在相同初始条件下,锥透镜比凸透镜的聚焦能力会更弱一些,因此通过锥透镜所产生的光丝更加的不均匀,但此种情况更有利于波谱在短波方向上的展宽。特别是当空间啁啾系数降低到 $C = 2\ \mathrm{mm}^{-1}$ 时,峰值等离子体密度出现明显的两个聚焦周期,伴随产生的超连续波谱会更加的光滑,在传播方向的作用区域也更长。另外,我们还发现波谱的展宽较宽的位置与最大频率变化($\Delta\omega_{max}$)的峰值处相对应。但由于超连续波谱在短波方向有截止波长(或频率)的限制,因此并不是 $\Delta\omega_{max}$ 达到最大值才有利于光滑的超连续波谱产生。最后,我们对不同初始脉冲能量对光丝的调制效应也做了分析。在 f 和 C 一定的条件下,选择适当的初始脉冲能量对获得宽且光滑的超连续波谱起着关键的作用。总之,在实际应用中是需要短的连续的等离子体丝还是长的不连续的等离子体丝,都可以通过调节透镜的焦距 f 和空间啁啾系数 C 来获得。但长的不连续的等离子体丝伴随产生的超连续波谱将更有利于远程对污染物分子的探测。

参考文献

[1] Nibbering E T J, Curley P F, Grillon G, et al. Conical emission from self-guided femtosecond pulses in air[J]. Optics letters, 1996, 21 (1): 62-64.

[2] Becker A, Aközbek N, Vijayalakshmi K, et al. Intensity clamping and re-focusing of intense femtosecond laser pulses in nitrogen molecular gas[J]. Applied physics B, 2001, 73 (3): 287-290.

[3] Point G, Liu Y, Brelet Y, et al. Lasing of ambient air with microjoule pulse energy pumped by a multi-terawatt infrared

femtosecond laser[J]. Optics Letters, 2014, 39（7）: 1725–1728.

[4] Debayle A, Gremillet L, Bergé L, et al. Analytical model for THz emissions induced by laser–gas interaction[J]. Optics Express, 2014, 22（11）: 13691–13709.

[5] Corkum P B, Rolland C, Srinivasan–Rao T. Supercontinuum Generation in Gases[J]. Physical Review Letters, 1986, 57（18）: 2268–2271.

[6] Vislobokov N Y, Sukhorukov A P. Supercontinuum generation by ultra–high power femtosecond laser pulses in dielectrics[J]. Physics of Wave Phenomena, 2009, 17（1）: 11–14.

[7] Rairoux P, Schillinger H, Niedermeier S, et al. Remote sensing of the atmosphere using ultrashort laser pulses[J]. Applied Physics B, 2000, 71（4）: 573–580.

[8] Chin S L, Xu H L, Luo Q, et al. Filamentation "remote" sensing of chemical and biological agents/pollutants using only one femtosecond laser source[J]. Applied Physics B, 2009, 95（1）: 1–12.

[9] Ackermann R, Stelmaszczyk K, Rohwetter P, et al. Triggering and guiding of megavolt discharges by laser–induced filaments under rain conditions[J]. Applied Physics Letters, 2004, 85: 5781–573.

[10] Su Q, Liu W, Lu D, et al. Influence of the Tilting Angle of a BBO Crystal on the Terahertz Radiation Produced by a Dual–Color Femtosecond Laser[J]. IEEE Transactions on Terahertz Science and Technology, 2019, 9（6）: 669–674.

[11] Theberge F, Liu W, Simard P T, et al. Plasma density inside a femtosecond laser filament in air: strong dependence on external focusing[J]. Physical Review E, 2006, 74（3 Pt 2）: 036406.

[12] Akturk S, Zhou B, Franco M, et al. Generation of long plasma channels in air by focusing ultrashort laser pulses with an axicon[J]. Optics Communications, 2009, 282（1）: 129–134.

[13] Layer B D, York A, Antonsen T M, et al. Ultrahigh–Intensity Optical Slow–Wave Structure[J]. Physical Review Letters, 2007, 99（3）: 0350011–0350014.

[14] Majus D, Dubietis A. Statistical properties of ultrafast supercontinuum generated by femtosecond Gaussian and Bessel beams: a comparative study[J]. Journal of the Optical Society of America B,2013,30（4）: 994–999.

[15] Jang D G, Nam I H, Kim M S, et al. Generation of broadband supercontinuum light by double–focusing of a femtosecond laser pulse in air[J]. Applied Physics Letters,2015,107（13）: 131105.

[16] Feng Z F, Li W, Yu C X, et al. Extended laser filamentation in air generated by femtosecond annular Gaussian beams[J]. Physical Review A,2015,91（3）: 033839.

[17] Feng Z, Li W, Yu C, et al. Influence of the external focusing and the pulse parameters on the propagation of femtosecond annular Gaussian filaments in air[J]. Optics Express,2016,24（6）: 6381–6390.

[18] Feng Z F, Lan J P, Li W, et al. Supercontinuum generated by a femtosecond annular Gaussian beam in air[J]. Physics of Plasmas, 2020,27（2）: 5.

[19] Ma C, Jia M, Lin W, et al. Extending optical filaments of annular beams via square root spatial phase modulation[J]. Optics Communications,2020,458: 124828.

[20] 马存良，嘉明珍，林文斌．不同能量下环形高斯强激光光束在空气中的非线性传输 [J]. 强激光与粒子束 2016,28（8）: 081001.

[21] Li J H, Lu B D. Comparative study of partially coherent vortex beam propagations through atmospheric turbulence along a uplink path and a downlink path[J]. Article Acta Physica Sinica,2011, 60（7）: 7.

[22] Li J, Gao P, Cheng K, et al. Dynamic evolution of circular edge dislocations in free space and atmospheric turbulence[J]. Optics Express,2017,25（3）: 2895–2908.

[23] Sharma A, Misra S, Mishra S K, et al. Dynamics of dark hollow Gaussian laser pulses in relativistic plasma[J]. Physical Review E,2013,87（6）: 063111.

[24] Shvedov V G, Rode A V, Izdebskaya Y V, et al. Giant Optical Manipulation[J]. Physical Review Letters, 2010, 105 (11): 707–712.

[25] 吴瓈，王小宁，肖海力，等. 基于消息总线的高性能计算环境系统软件优化设计与实现 [J]. 高技术通讯，2020 (3): 248–258.

[26] Lan J, Yu C, Liu Y, et al. Effects of delayed Kerr nonlinearity on the propagation of femtosecond annular Gaussian filaments in air[J]. Physica Scripta, 2019, 94 (10): 105225.

[27] Aközbek N, Bowden C M, Chin S L. Propagation dynamics of ultra–short high–power laser pulses in air: supercontinuum generation and transverse ring formation[J]. Journal of Modern Optics, 2002, 49 (3–4): 475–86.

[28] Shi Z, Li S Y, Zhang H, et al. The dependence of external focusing geometries and polarization in generation of supercontinuum by femtosecond laser pulse in air[J]. Optik, 2018, 164: 390–394.

[29] Kosareva O G, Grigor'evskii A V, Kandidov V P. Formation of extended plasma channels in a condensed medium upon axicon focusing of a femtosecond laser pulse[J]. Quantum Electronics, 2005, 35 (11): 1013–1014.

第6章

利用三共线的飞秒脉冲在大气中产生长距离的双色光丝

6.1 引言

高强度飞秒激光脉冲在大气中传播，可以在几十米范围内传送高强度的信号，这是克尔非线性自聚焦和等离子体散焦竞争的结果，这种动态竞争导致了光丝的形成。目前，飞秒激光丝的传输，因其有趣的特性引起了人们极大的关注[1-3]，而更令人兴奋的是，飞秒激光丝有可能在大气污染物和生物气溶胶等遥感探测领域里成为一种可行的工具[4,5]。此外，在激光雷达、太赫兹辐射和人工降雨等领域还也有许多潜在的应用前景[6-8]。要实现这些目标应用，光丝长距离传输的研究仍然具有重要的意义。

目前，延长光丝的长度的方法有许多种。通过增加输入功率，光丝可以传播数百米[9,10]。但是，当输入功率超过临界功率一个数量级时，就很容易产生多丝，这种多丝在空间和时间上都是不稳定的。为了解决这个问题，改变入射脉冲的形状是一种有效的方法，例如非衍射贝塞尔光束[11-13]、环形艾里光束[14]，或环形高斯光束[15-17]等，这些光束都具有环形结构的特点，能量可储存在环内，可以补充到光丝中心，从而延长光丝的长度。另一种有效的方法就是使用双脉冲或多脉冲技术来扩展光丝的长度[18-22]。特别是探索双色光丝传输的研究是非常有趣的[23-25]。不同中心波长（400 nm 和 800 nm）的两个共线飞秒脉冲可以联合形成一个单光丝。当两个脉冲之间的延迟时间选取的合适时，就可以很好地控制光丝的起点位置和光丝的长度。此外，双色光丝还被用来产生超短脉冲和高次谐波[26-30]。此外，Mills 等人还发展了一种非常高效、经济的延长光丝长度的方法，即能量补充法，这实际上也是一种双脉冲扩展光丝长度的方法。他们将高强度高斯光丝与低强度环形高斯缀饰光束相结合，后者作为能量库在传播过程中不断地给光丝补充能量，与单独的高斯光丝传输的长度相比，此种方法使光丝的长度延长了一个量级以上[31-33]。总之，探索和发展延长光丝的方法是非常重要的。

本章基于能量补偿光丝的思想，探索了一种利用三个共线飞秒脉冲在空气中产生长距离双色光丝的新方法。两个低强度环形光束（均为 400 nm）的相干叠加有效地延长了 800 nm 中心高斯光丝的长度是探索长距离光丝传输的一种非常有效的方法。

6.2 模型和传播方程

首先，我们建立了三共线的超短激光脉冲在大气中的传输模型。强中心脉冲是一束波长为 $\lambda_0 = 800\,\text{nm}$ 的高斯光束，通过焦距为 $f = 3\,\text{m}$ 的聚焦透镜，可写为

$$A_R(r,t) = A_{0R}\exp\left[-\frac{r^2}{\omega_{0R}^2} - \frac{t^2}{\tau_0^2} - \frac{\mathrm{i}k_0 r^2}{2f}\right] \tag{6.1}$$

第二束和第三束脉冲是两个低强度的环形高斯光束。环形高斯光束具有较大的直径（用半径 r_0 表示），引入一个薄的锥透镜聚焦。锥透镜将使环形波在横平面上引入一个线性空间啁啾 $C \approx 2\pi(n - n_0)\alpha / \lambda_0$，且环形波 $\propto \mathrm{e}^{\mathrm{i}Cr}$，式中 n_0，n 分别为空气和玻璃的折射率，α 为锥透镜的底角，r 为横轴向坐标。因此，入射脉冲可以写成

$$A_{Bi}(r,t)=A_{0Bi}\exp\left[-\frac{(r-r_0)^2}{\omega_{0B}^2}-\frac{t^2}{\tau_0^2}-\mathrm{i}Cr\right] \tag{6.2}$$

式中，A_{0R}、$A_{0Bi}(i=1,2)$ 为初始电场振幅，ω_{0R} 和 ω_{0B} 分别为高斯光束和环形光束最大激光强度的 e^{-2} 束腰宽度，τ_0 为脉冲宽度。第二束和第三束光束是 400 nm 的脉冲，对应的初始电场振幅分别为 A_{0B1} 和 A_{0B2}。

飞秒脉冲在空气中的传播动力学可以通过数值模拟柱对称的线性极化激光电场 $A(r,t,z)$ 在 $\lambda_{0R}=800\ \mathrm{nm}$ 和 $\lambda_{0B}=800\ \mathrm{nm}$ 处沿传播轴 z 的演化。每个电场都基于一个扩展的非线性薛定谔方程（NLS），并耦合等离子体密度方程，其中等离子体是由氧分子的多光子电离产生。缓慢变化的包络 A_R 和 A_B 所满足的方程通过交叉相位调制（XPM）耦合。在随脉冲移动的坐标系（$t\to t-z/v_g$, $v_g=c$, c 是真空中的光速）下，耦合方程可写为 [24,34]：

$$\begin{aligned}\frac{\partial A_R}{\partial z}=&\frac{\mathrm{i}}{2k_{0R}}\nabla_\perp^2 A_R-\mathrm{i}\frac{k_R''}{2}\frac{\partial^2 A_R}{\partial t^2}+\mathrm{i}k_{0R}\left(\frac{1}{2}n_{2R}|A_R|^2+2n_{2R}|A_B|^2\right)A_R-\\&\mathrm{i}k_{0R}\frac{n_e}{2n_{cR}}A_R-\frac{\beta_R^{(K_R)}}{2}|A_R|^{2K_R-2}A_R,\end{aligned} \tag{6.3}$$

$$\begin{aligned}\frac{\partial A_B}{\partial z}=&\frac{\mathrm{i}}{2k_{0B}}\nabla_\perp^2 A_B-\mathrm{i}\frac{k_B''}{2}\frac{\partial^2 A_B}{\partial t^2}-\Delta\upsilon^{-1}\frac{\partial A_B}{\partial t}+\mathrm{i}k_{0B}\left(n_{2B}|A_B|^2+2n_{2R}|A_R|^2\right)A_B-\\&\mathrm{i}k_{0B}\frac{n_e}{2n_{cB}}A_B-\frac{\beta_B^{(K_B)}}{2}|A_B|^{2K_B-2}A_B\end{aligned} \tag{6.4}$$

$$\frac{\partial n_e}{\partial t}=n_{at}\left(\sigma_{K_R}|A_R|^{2K_R}+\sigma_{K_B}|A_B|^{2K_B}\right)\left(1-\frac{n_e}{n_{at}}\right) \tag{6.5}$$

其中，耦合方程（6.3）和方程（6.4）右边的第一项描述两束激光场的横向衍射，$\nabla_\perp^2$ 是拉普拉斯算子，$k_{0i}=2\pi/\lambda_{0i}(i=R,B)$ 是中心波长为 λ_{0i} 的波数。第二项表示系数为 $k_i''(i=R,B)$ 的群速度色散。方程（6.4）的第三项表示由于两电场包络的群速度色散而产生的时间走离，走离常数为 $\Delta v=\left(v_{gB}^{-1}-v_{gR}^{-1}\right)^{-1}$。其余项由非线性折射率 n_{2i} 的瞬时自聚焦效应、系数为 $2n_{2R}$ 的交叉相位调制、等离子体离焦和多光子吸收（MPA）的影响引入。这

里忽略了延迟克尔非线性效应的贡献（$\frac{1}{\tau}\int_{-\infty}^{t}\exp[-(t-t')/\tau_K]|E(t')|^2\,dt'$），因为激光脉冲的持续时间（$\tau_0 = 40$ fs）比拉曼响应的特征时间（$\tau_k = 70$ fs）短得多。$n_{ci}(i=R,B)$ 表示临界等离子体密度，n_{at} 是初始中性氧原子密度。多光子吸收系数（MPA）是 $\beta^{(K_i)} = K_i\hbar\omega_0\sigma_{K_i}$，其中 K_i 和 σ_{K_i} 分别是电离一个氧原子所需的最小光子数和多光子电离（MPI）速率。具体的参数值在表 6-1 中列出。

表 6-1　模拟参数为 800 nm（R）和 400 nm（B）脉冲 [1]

λ_{0i} / nm$(i=R,B)$	K_i'' / (fs^2/cm)	n_{2i} / (cm^2/W)	n_{Ci} / cm^{-3}	K_i	σ_{Ki} / (s^{-1}cm^{2K}/W^K)
400	0.49	4.9×10^{-19}	6.4×10^{21}	4	2.52×10^{-42}
800	0.2	3.2×10^{-19}	1.7×10^{21}	8	2.88×10^{-99}

6.3　结果与讨论

在本节中，我们对三个共线超短脉冲产生的扩展光丝进行了数值分析。下面，波长为 $\lambda_0 = 800$ nm 的强中心高斯光束被标记为基本高斯光束（R），即主激光光束，波长为 $\lambda_0 = 400$ nm 的两个环形光束分别标记为初级光束（$B1, C = 16\ \text{mm}^{-1}$）和次级光束（$B2, C = 32\ \text{mm}^{-1}$）。高斯光束和环形光束的初始电场包络分别为 $A_R(r,t,z=0)$ 和 $A_B(r,t,z=0)$。这里，$A_B(r,t,z=0)$ 可以用两个 400 nm 的环形光束叠加表示，即 $A_B(r,t,z=0) = A_{B1} + A_{B2}$。

6.3.1 长距离的双色光丝

首先，我们研究了在相同输入能量 $E_{in} = 1$ mJ 时，三束光束的独立传播，即高斯光束（$\lambda_{OR} = 800$ nm）和两束环形高斯光束（$\lambda_{OB} = 800$ nm 和 $\lambda_{OR} = 800$ nm）。峰值强度和峰值等离子体密度的演化分别如图 6.1（a）

和图 6.1（b）所示。很明显，当高斯光束 $\omega_{OR}=2\,\text{mm}$，$\tau_0=40\,\text{fs}$，$f=1.5\,\text{m}$ 时，可以产生稳定的光丝。高斯光束的初始最大强度为 $I_0=3.143\times10^{11}\,\text{W/cm}^2$。然而，当 $w_{0B}=3\,\text{mm}$ 的环形高斯光束被空间啁啾 $C=16\,\text{mm}^{-1}$ 的锥形透镜聚焦时，初始最大强度为 $I_{0B}=1.41\times10^{10}\,\text{W/cm}^2$，比相等输入能量为 1 mJ 的高斯光束低一个数量级。因此，波长 $\lambda_0=400\,\text{nm}$ 和 $\lambda_0=800\,\text{nm}$ 的环形高斯光束不会产生持续的非线性效应。而且在传输过程中，两环形光束的峰值强度没有达到光丝的钳制强度（$I_{clamping}\approx\left[2n_{2B}n_{cB}/\left(\sigma_{KB}t_pn_{at}\right)\right]^{1/(K-1)}\approx2.25\times10^{13}\,\text{W/cm}^2$ 和 $5.66\times10^{13}\,\text{W/cm}^2$）如图 6.1（a）虚线和点线所示。因此，两环形光束不能形成光丝如图 6.1（b）所示。Scheller 等人曾报道了利用低强度 800 nm 高斯光束可以扩展中心高斯光丝。但是在相同的初始条件下，400 nm 的环形高斯光束线性传播距离要比 800 nm 的长得多。因此，我们试图用低强度的 400 nm 环形光束来扩展基本的高斯光丝。值得注意的是，当 400 nm 环形光束的输入能量小于 1.0 mJ 时，它在单独传播时不会形成光丝。

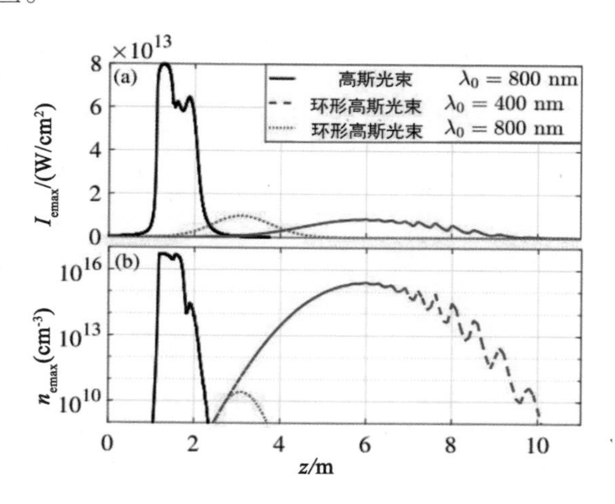

图 6.1　单色光丝的演化图

（a）峰值强度和（b）峰值等离子体密随传输距离 z 的演化。其中高斯光束的波长 $\lambda_{0R}=800\,\text{nm}$（实线）和环形高斯光束的波长 $\lambda_{0B}=400\,\text{nm}$（虚线）和 $\lambda_{0R}=800\,\text{nm}$（点线），输入能量 $E_{in}=1\,\text{mJ}$ 和空间啁啾 C=16mm^{-1}。

当主激光光丝（$E_{in}=1\ \mathrm{mJ}$）和初级环形光束（$E_{in}=0.6\ \mathrm{mJ}, C=16\ \mathrm{mm}^{-1}$）沿同方向共同传播时，最大等离子体密度随传播距离 z 的演化如图 6.2（a）所示，其中双色光丝的长度明显比中心高斯光丝单独传播的长度（约 1 m）延长了几倍。然而，在这种情况下，双色光丝中间出现较大的间隙，这就降低了等离子体丝的稳定性。为了解决这个问题，通过增加空间啁啾 C 的值可以填充这个间隙，但要以缩短光丝长度为代价。因此，为了保持长距离光丝的传输，我们将引入波长为 400 nm 的第二束环形高斯光束（即次级环形光束），输入能量仍然为 $E_{in}=0.6\ \mathrm{mJ}$，但空间啁啾 $C=32\ \mathrm{mm}^{-1}$。最大等离子体密度的演化如图 6.2（b）所示。可以清楚地看到，间隙很好地被填充，不连续的光丝被连接起来，从而光丝的长度被延长到约 10 m，这比 800 nm 高斯光单独成丝的长度增加了约一个数量级。尽管双色光丝的扩展与 Scheller 等人提出单色缀饰光丝的结果相似[31-33]。但在这里两环形光束的输入能量（12 mJ）远低于单色缀饰光束的输入能量，此能量比中心高斯光束的输入能量要大几倍。

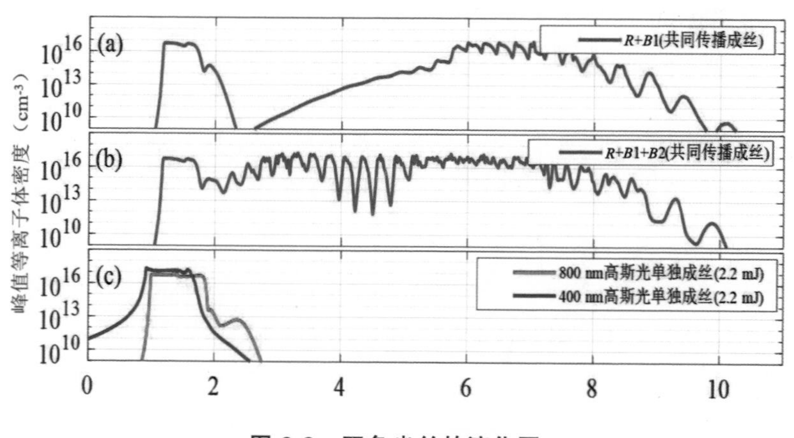

图 6.2 双色光丝的演化图

等离子体丝由（a）基本高斯光束（R, 800 nm, 0.6 mJ）和初级环形光束（$B1$, 400 nm, 0.6 mJ）共同产生，（b）基本高斯光束，初级环形光束和次级环形光束（B2, 400 nm, 0.6 mJ）共同产生，（c）总能量为 2.2 mJ 的 800 nm（实线）或 400 nm（虚线）的高斯光束单独传播产生

另外，我们还模拟了利用的光作为次级环形光束来填充间隙。因为 800 nm 光丝的钳制强度比 400 nm 光丝的强，它的输入能量需要增加到

3 mJ，是 400 nm 次级环形光束（输入能量 0.6 mJ，这里未展示）的 5 倍。另一方面，如果总能量（2.2 mJ）全部集中在一束 800 nm 或 400 nm 高斯光束中单独传播时，最大等离子体密度的演化如图 6.2（c）所示。类似于 Scheller 等人的研究结果，单色光丝的长度（约 2 m）比双色光丝短得多，因为能量被无效的损耗。因此，采用 400 nm 环形光束延长光丝是经济而有效的。其中的机制可以从能量补充和时空动力学两方面来分析。

6.3.2 双色光丝的能量补充

对于双色光丝，激光脉冲的能量是 $E(r,t,z)=\int\left|A_i(r,t,z)\right|^2 2\pi r\mathrm{d}r\mathrm{d}t$ $(i=R,\mathrm{B})$ 其中 $A_i(r,t,z)$ 是由耦合方程（6.1）和方程（6.2）决定的。图 6.3（a1）和图 6.3（b1）分别给出了当三个共线脉冲 $(R+B1+B2)$ 共同传播时，800 nm 和 400 nm 脉冲的能量演化。相应光束的横向截面在不同区域所包含的能量演化分别如图 6.3（a2）~（a4）和图 6.3（b2）~（b4）所示。在图 6.3 的第一列，由基本高斯光束产生的光丝归因于外围区域 $(r>0.5\ \mathrm{mm})$ 和中心区域（$0<r\leqslant 0.5$mm，包括近光丝区域和光丝中心）之间的能量交换。在这个过程中，两环形光束线性地传播而不损失能量如图 6.3（b1）所示。当光丝中心的能量几乎耗散到背景中时，两个环形光束（**400 nm**）的能量（**1.2 mJ**）一起迅速地补充到光丝的中心。如图 6.3 第二列所示，在 $z=2\ \mathrm{m}$ 之后，两个环形光束的能量从外围区域 $(r>0.5\ \mathrm{mm})$ 流向光丝中心 $0<r\leqslant 0.1$mm 和近光丝区域（$0.1\mathrm{mm}<r\leqslant 0.5$mm）。此外，包含在光丝区域中的能量呈现出振荡结构，这表明能量流在近光丝区域和光丝中心之间是一个相互交换的过程。这也意味着光束产生了多次的聚焦散焦，从而维持了光丝在空气中的长距离传播。在图 6.3 的红色虚线处，中心区域的能量变化与外围区域的能量变化相反。这意味着能量在中心区域和外围区域之间不断交换，从而导致光丝长度的延长。

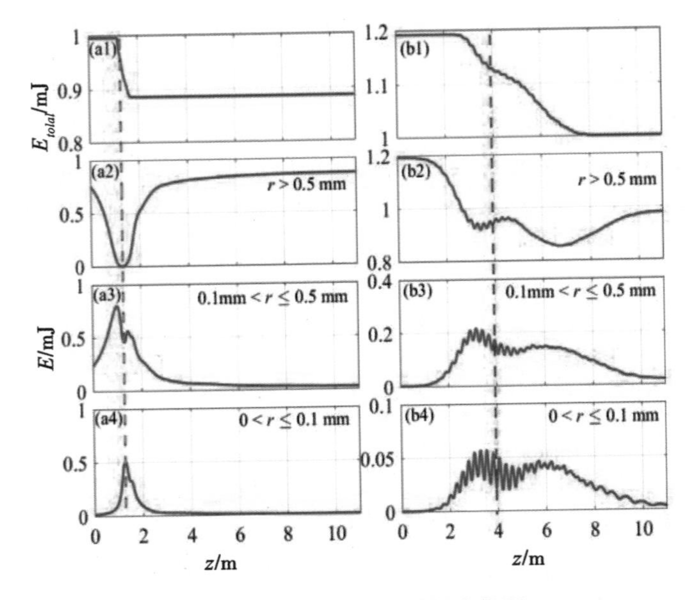

图 6.3 双色光丝的能量演化图

当三个共线脉冲 $(R+B1+B2)$ 共同传播时，800 nm（a1）和 400 nm（b1）脉冲的能量演化，其中横向光束截面（a2）（b2）在外围区域 r> 0.5 mm；（a3）（b3）在近光丝区域 $0.1\ \mathrm{mm} < r \le 0.5\ \mathrm{mm}$；（a4）（b4）在光丝中心 $0 < r \le 0.1\ \mathrm{mm}$ 的能量演化

6.3.3 双色光丝的时空动力学

当三个共线脉冲 $(R+B1+B2)$ 共同传播时，800 nm 脉冲（左列）和 400 nm 脉冲（右列）的双色光丝的时空强度分布。

我们从动力学行为的角度探讨了双色光丝的延伸。激光强度由耦合方程（6.1）和方程（6.2）决定。图 6.4（a1）~（a5）和（b1）~（b5）分别表示当三个共线脉冲 $(R+B1+B2)$ 共同传播到一些位置 z 处时，800 nm 和 400 nm 脉冲的时空强度分布。如图 6.4 的第一列所示，基本高斯光束仍然遵循标准的动力学传播。z=1.2 m 是光丝的起点位置 [见图 6.4（a4）]。在三束光共同传播的过程中，两个低强度 400 nm 的环形光束会发生干涉，从而导致激光强度的增强如图 6.4 第二列所示。在图 6.4（b1）的初始距离（$z = 0$ m）处，激光强度是每个环形光束的初始强度（$I_{0B} = 8.44 \times 10^9\ \mathrm{W/cm^2}$）的 4 倍。由于相干叠加，强度的增强有利于光丝的扩展。

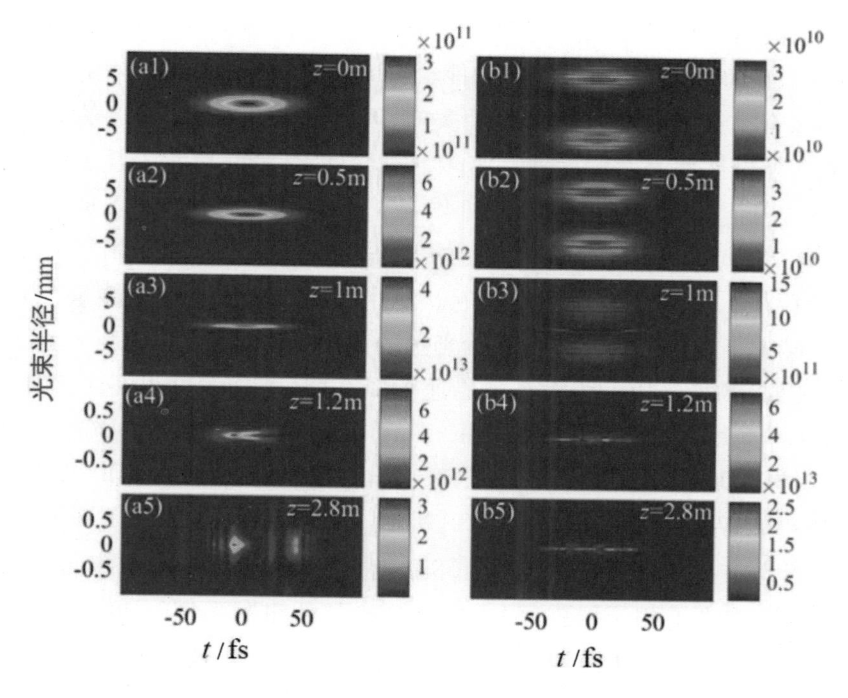

图 6.4　双色光丝强度的时空分布图

当三个共线脉冲$(R+B1+B2)$共同传播时，（a1）~（a3）（（b1）~（b3））分别表示 800 nm 的脉冲（400 nm 脉冲）在光丝形成之后的几个传播距离处的能流分布 $j_{R\perp}(r,t)(j_{B\perp}(r,t))$ 和轴上强度的时间分布，$I_R(r=0,t)(I_B(r=0,t))$（黑色实线）。

图 6.5 给出了，在光丝形成之后$(z=1.2\text{ m})$，在几个传播距离 z 处的能量通量的时空分布和轴上强度的时间分布（黑色实线）。横向能流定义为：

$$j_{i\perp}(r,t,z)=\frac{1}{2\mathrm{i}}\left(A_i^*(r,t,z)\frac{\partial A}{\partial r}+A_i(r,t,z)\frac{\partial A^*}{\partial r}\right)(i=R,B) \qquad (6.6)$$

其中正和负分别表示能流流进和流出径向 r 的柱面。图 6.5（a1）~（a3）和图 6.5（b1）~（b3）分别表示能流 $j_{R\perp}(r,t)$，强度 $I_R(r=0,t)$ 和 $j_{B\perp}(r,t)$，$I_B(r=0,t)$。在 $z=1.2\text{ m}$ 处，光丝由基本高斯光束形成，两环形光束仍是线性传播。轴上光强的时间分布 $I_R(r=0,t)$ 遵循标准的空间补偿动力学(见图 6.5 的 $z=1.2$ m, 1.5 m和1.7 m)。由于克尔自聚焦效应，脉冲前沿的峰值强度增加，产生的等离子体散焦脉冲后沿。因此，陡峭的前沿 $(t<0)$ 形成并携带入射的能流。当脉冲劈裂发生时，入射的能流流向每个劈裂峰。当光丝开始消失时，两环形光束(400 nm)的能流迅速地从外围区域流向传播轴。实际上，这是两环形光束相干叠加是为光丝补充能量的一个过程。如图 6.5 (b1)、(b2) 和(b3) 所示，在 z=2 m、2.2 m、2.4 m 位置处，入射的能流(蓝色区域)远大于出射的能流(黄色区域)，尤其是在传播轴附近。使光丝中心获得足够的能量 [见图 6.3 (b3) 和图 6.5 (b4)] 来保持光丝的传播 [见图 6.2 (b)]。

此时，高斯光束的强度虽然迅速下降 [图 6.4 (a5)]，但它仍然起着微小的辅助作用，并与两环形光束相互作用。因此，对于双色光丝，其中波长为 400 nm 的脉冲强度在 $z=2.8$ m 处超过了钳制强度 $(2.25\times10^{13}\ \mathrm{W/cm^2})$，如图 6.4 (b5) 所示。然而，我们也验证了在没有基本高斯光束的情况下，只有两个环形光束(400 nm)在空气中传播时，它们的总强度被相干增强，但仍未达到光丝的钳制强度(这里未展示)。正是因为基本高斯光束与两个环形光束相互作用，才产生了长距离的双色光丝。

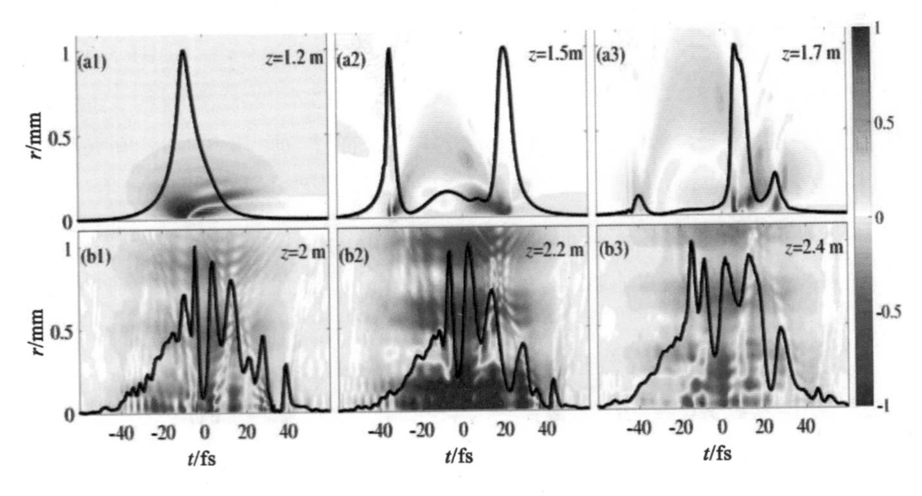

图 6.5　双色光丝能流分布和轴上光强的时间分布图

6.4 本章小结

在本章中，我们数值模拟了三个共线的超短激光脉冲在空气中产生的扩展双色光丝。这三个脉冲包括一个基本高斯光束（800 nm，1 mJ）和两个具有不同空间啁啾（分别为$C = 16\ \mathrm{mm}^{-1}$和$C = 32\ \mathrm{mm}^{-1}$）的环形高斯光束（400 nm，0.6 mJ）。基本高斯光丝由同向传播的初级环形光束（$C = 16\ \mathrm{mm}^{-1}$）辅助时，使双色光丝的长度比单独的高斯光丝的长度要扩展几倍。然而，有一个很大的间隙会降低等离子体丝的稳定性。因此，为了填充双色光丝的间隙，引入了次级环形光束（$C = 32\ \mathrm{mm}^{-1}$）。由于两个低强度环形光束相干地向光丝中心提供了能量，且400 nm光丝的钳制强度低于800 nm，因此它们的输入能量（1.2 mJ）足以维持双色光丝的长距离传输，使丝的长度延伸到约10 m，比高斯光丝单独传播的情况（约1 m）增加了大约一个数量级。这种方法可能为长距离光丝的产生提供了一种有效且经济的途径。相信通过调节光束束腰宽度和空间啁啾，光丝的长度将大大延长，这是值得进一步研究的。

参考文献

[1] Kasparian J, Rodríguez M, Méjean G, et al. White-light filaments for atmospheric analysis[J]. Science, 2003, 301 (5629): 61-64.

[2] Couairon A, Mysyrowicz A. Femtosecond filamentation in transparent media[J]. Physics reports, 2007, 441 (2-4): 47-189.

[3] Bergé L, Skupin S, Nuter R, et al. Ultrashort filaments of light in weakly ionized, optically transparent media[J]. Reports on progress

in physics, 2007, 70（10）: 1633.

[4] Chin S L, Wang T J, Marceau C, et al. Advances in intense femtosecond laser filamentation in air[J]. Laser Physics, 2012, 22（1）: 1–53.

[5] Luo Q, Xu H L, Hosseini S A, et al. Remote sensing of pollutants using femtosecond laser pulse fluorescence spectroscopy[J]. Applied Physics B, 2006, 82（1）: 105–109.

[6] Guo K, Lin J, Hao Z, et al. Triggering and guiding high-voltage discharge in air by single and multiple femtosecond filaments[J]. Optics letters, 2012, 37（2）: 259–261.

[7] Cheng C C, Wright E M, Moloney J V. Generation of electromagnetic pulses from plasma channels induced by femtosecond light strings[J]. Physical Review Letters, 2001, 87（21）: 213001.

[8] Rohwetter P, Kasparian J, Stelmaszczyk K, et al. Laser-induced water condensation in air[J]. Nature Photonics, 2010, 4（7）: 451–456.

[9] Ju J, Liu J, Wang C, et al. Laser-filamentation-induced condensation and snow formation in a cloud chamber[J]. Optics letters, 2012, 37（7）: 1214–1216.

[10] La Fontaine B, Vidal F, Jiang Z, et al. Filamentation of ultrashort pulse laser beams resulting from their propagation over long distances in air[J]. Physics of plasmas, 1999, 6（5）: 1615–1621.

[11] Wöste L, Wedekind C, Wille H, et al. Femtosecond White Light for Atmospheric Remote Sensing[J]. Optoelektronik, 1997, 29: 51–53.

[12] Birkholz S, Nibbering E T J, Brée C, et al. Spatiotemporal rogue events in optical multiple filamentation[J]. Physical review letters, 2013, 111（24）: 243903.

[13] Polynkin P, Kolesik M, Roberts A, et al. Generation of extended plasma channels in air using femtosecond Bessel beams[J]. Optics express, 2008, 16（20）: 15733–15740.

[14] Kosareva O G, Grigor'evskii A V, Kandidov V P. Formation

of extended plasma channels in a condensed medium upon axicon focusing of a femtosecond laser pulse[J]. Quantum Electronics, 2005, 35 (11): 1013.

[15] Polesana P, Franco M, Couairon A, et al. Filamentation in Kerr media from pulsed Bessel beams[J]. Physical Review A, 2008, 77 (4): 043814.

[16] Panagiotopoulos P, Papazoglou D G, Couairon A, et al. Sharply autofocused ring-Airy beams transforming into non-linear intense light bullets[J]. Nature communications, 2013, 4 (1): 1-6.

[17] Feng Z F, Li W, Yu C X, et al. Extended laser filamentation in air generated by femtosecond annular Gaussian beams[J]. Physical Review A, 2015, 91 (3): 033839.

[18] Feng Z F, Li W, Yu C X, et al. Influence of the external focusing and the pulse parameters on the propagation of femtosecond annular Gaussian filaments in air[J]. Optics express, 2016, 24 (6): 6381-6390.

[19] Geints Y E, Zemlyanov A A. Ring-Gaussian laser pulse filamentation in a self-induced diffraction waveguide[J]. Journal of Optics, 2017, 19 (10): 105502.

[20] Tzortzakis S, Méchain G, Patalano G, et al. Concatenation of plasma filaments created in air by femtosecond infrared laser pulses[J]. Applied Physics B, 2003, 76 (5): 609-612.

[21] Varma S, Chen Y H, Palastro J P, et al. Molecular quantum wake-induced pulse shaping and extension of femtosecond air filaments[J]. Physical Review A, 2012, 86 (2): 023850.

[22] Varma S, Chen Y H, Milchberg H M. Trapping and destruction of long-range high-intensity optical filaments by molecular quantum wakes in air[J]. Physical Review Letters, 2008, 101 (20): 205001.

[23] Couairon A, Méchain G, Tzortzakis S, et al. Propagation of twin laser pulses in air and concatenation of plasma strings produced by femtosecond infrared filaments[J]. Optics communications, 2003, 225 (1-3): 177-192.

[24] Bergé L. Boosted propagation of femtosecond filaments in air by double-pulse combination[J]. Physical Review E, 2004, 69（6）: 065601.

[25] Wang T J, Daigle J F, Yuan S, et al. Remote generation of high-energy terahertz pulses from two-color femtosecond laser filamentation in air[J]. Physical Review A, 2011, 83（5）: 053801.

[26] Béjot P, Kasparian J, Wolf J P. Dual-color co-filamentation in Argon[J]. Optics express, 2008, 16（18）: 14115-14127.

[27] Li S, Sui L, Li S, et al. Filamentation induced by collinear femtosecond double pulses with different wavelengths in air[J]. Physics of Plasmas, 2015, 22（9）: 093113.

[28] Zeng Z, Cheng Y, Song X, et al. Generation of an extreme ultraviolet supercontinuum in a two-color laser field[J]. Physical review letters, 2007, 98（20）: 203901.

[29] Zamith S, Ni Y, Gürtler A, et al. Control of atomic ionization by two-color few-cycle pulses[J]. Optics letters, 2004, 29（19）: 2303-2305.

[30] Kim C M, Kim I J, Nam C H. Generation of a strong attosecond pulse train with an orthogonally polarized two-color laser field[J]. Physical Review A, 2005, 72（3）: 033817.

[31] Oishi Y, Kaku M, Suda A, et al. Generation of extreme ultraviolet continuum radiation driven by a sub-10-fs two-color field[J]. Optics express, 2006, 14（16）: 7230-7237.

[32] Mills M S, Kolesik M, Christodoulides D N. Dressed optical filaments[J]. Optics letters, 2013, 38（1）: 25-27.

[33] Scheller M, Mills M S, Miri M A, et al. Externally refuelled optical filaments[J]. Nature Photonics, 2014, 8（4）: 297-301.

[34] Mills M, Heinrich M, Kolesik M, et al. Extending optical filaments using auxiliary dress beams[J]. Journal of Physics B: Atomic, Molecular and Optical Physics, 2015, 48（9）: 094014.

第7章

强飞秒激光丝在连续变化气压的大气中的传输

7.1 引言

高功率激光束在透明介质传播时，会形成等离子体细丝，其长度延长了几个瑞利长度。首次在空气中观测到光丝现象是在20多年前[1]。并给出了光丝的形成的原因是由光学克尔自聚焦效应、光束衍射和多光子电离引起的散焦效应之间的动态平衡引起的。目前，强飞秒激光脉冲可以在水平方向传播几百米[2]，甚至达到2公里[3,4]，垂直传输的距离也非常远，可以达到几公里[5,6]。这些特性因其在许多领域的重要应用而引起人们的极大关注，特别是遥感探测大气污染成分监测[7]、电离通道引导雷电[8]以及产生少周期光脉冲[9]等。在这些实际应用中，激光脉冲实际是在密度（或气压）不均匀的大气中进行传输。因此，探索光丝在连续变化压强的大气中的传输是非常重要的。

在实验室尺度条件下，Mlejnek等人首次研究了飞秒脉冲在不同气压的氩气中的长距离传输[10]。随后，人们对光丝在其他介质中传输的压强效应也做了许多研究[11,12-14]。一般来说，在实验室中，气压的变化是在一个气室中实施的[15,12,16-18]。由于群速度色散系数、非线性折射率，以及多光子电离系数都正比于压强，因此气压的变化会影响等离子体的激发过程。Uryupina 等人 [18] 的研究也表明，随着压强的增大，光丝的能量通量和等离子体通道的稳定性会被破坏。另外，人们也从实验和理论上研究了光丝直径和光丝长度随着大气压强在 0.3 ~ 1 atm 取不同值时的变化情况 [15]。同时，光丝在不同气压下的其他特性，如多丝的非线性动力学 [19]、自聚焦俘获 [20]、高阶克尔效应 [21,29] 和群速度色散效应 [22] 等，也都被广泛地研究。然而，在实际应用中，研究光丝在真实大气环境中的传输是非常重要的。Méchain 等 [23] 首次在实验中研究了高功率激光脉冲在低压（0.7 atm 对应于海拔高度 3.2 km）大气下的传播。之后，他们的合作者 Couairon 等从理论上系统地研究了当大气压强在 0.2 ~ 1.0 atm 取不同值时，压强对光丝特性的影响。并讨论了脉冲啁啾系数和输入光束的波前形状改变时对光丝传输的影响 [24]。同时，他们还通过实验呈现了，在 0.2 atm 的低压下，强飞秒激光产生光丝的特性与数值模拟的结果是一致的 [16]。

值得注意的是，在上述提到的工作中，大多数压强是固定的，这就相当于激光脉冲在不同低压下的水平传输。文献 [24] 也给出了解释，因为激光脉冲在真实大气中传播时，典型的光丝的尺度约为 100 m 左右。在这个尺度下，气压的变化是非常小的。因此，在气压连续变化和在固定低压两种情况下，光丝和等离子体通道的特性并没有显著变化。然而，对于实际应用，如遥感探测大气污染物成分等，研究激光脉冲在非均匀大气密度下的垂直传播是具有非常重要的意义。一方面，通过调节初始参数，我们可以控制光丝在所需要探测的位置处产生。另一方面，即使气压发生微小的变化，却对激光脉冲的传播动力学有着强烈的影响。在以往的工作中，也有一些研究小组对气压梯度的效应进行了相关的研究 [25,26]。例如，Couairon 等人通过改变气压梯度的形状，实现了一种有效的脉冲自压缩方案 [26]。Hu 等人详细分析了不同线性气压梯度对成丝过程的影响 [25]。

在本章中，我们数值模拟了强飞秒激光在一个 2 m 长的气压连续变化的气室中传输时产生光丝的情况。大气压强从 1 atm 连续变化到 0.3 atm，相当于在实际大气环境中从地面到高空垂直传输 10 km。考虑到在实验中，气压变化范围越小，气室中的气压越容易被调制。因此，我们选取了三种压强变化的范围（1 ~ 0.3 atm，1 ~ 0.5 atm 和 1 ~ 0.8 atm），分析了不同的气压变化对光丝传输特性的影响。此外,我们还模拟了从不同低压(0.3 atm、0.5 atm 和 0.8 atm)分别连续变化到标准大气压(相当于激光从高空到地面的传输)时,光丝特性的不同。激光脉冲从高空向地面传播的最大优点是,当光丝和后向散射信号在低密度介质中传输时,光脉冲形状变形较小,能量损耗也较低。

7.2 高斯光在连续变化气压大气中传播的理论模型及方程

强飞秒激光脉冲在大气中的传播,可以通过数值模拟柱对称的线性极化的激光电场 $\varepsilon(r,t,z)$(中心波长为 $\lambda_0 = 800\ \text{nm}$)在慢变包络近似下沿传播轴 z 的演化来研究。激光电场包络 $\varepsilon(r,t,z)$ 的演化是由非线性薛定谔(NLS)方程和电子密度 ρ_e 的耦合方程来描述。这里,电子是通过由氧气分子的多光子电离产生的。在随激光脉冲以群速度 $v_g = c$(c 为真空中的光速)移动的坐标系中,耦合方程可以写为:

$$\frac{\partial \varepsilon}{\partial z} = \frac{\mathrm{i}}{2k_0}\nabla_\perp^2 \varepsilon - \mathrm{i}\frac{\beta_2}{2}\frac{\partial^2 \varepsilon}{\partial t^2} + \mathrm{i}k_0 N_{Kerr}\varepsilon - \mathrm{i}k_0\frac{\rho_e}{2\rho_c}\varepsilon - \frac{\beta_K}{2}|\varepsilon|2^{K-2}\varepsilon \quad (7.1)$$

$$\frac{\partial \rho_e}{\partial t} = \rho_{at}\sigma_K |\varepsilon| 2^K (1 - \frac{\rho_e}{\rho_{at}}) \quad (7.2)$$

$$N_{Kerr} = \frac{n_2}{2}\left[|\varepsilon|^2 + \frac{1}{\tau_K}\int_{-\infty}^{t} \exp\ (-\frac{t-t'}{\tau_K})|\varepsilon(t')|^2\,\mathrm{d}t'\right] \quad (7.3)$$

式中,$\nabla_\perp^2$ 为光束的横向衍射,$k_0 = 2\pi/\lambda_0$ 为波长 λ_0 对应的中心波数。方程(7.1)右边的第二项表示群速度色散,其色散系数 $\beta_2 = 0.2\ \text{fs}^2/\text{cm}$。第三项 N_{Kerr} 是由强度依赖的非线性折射率,包括瞬时贡献和延迟贡献。其中非线性折射率 $n_2 = 3.2\times10^{-19}\ \text{cm}^2/\text{W}$,在公式(7.3)中由于脉宽 $\tau_0 = 40\ \text{fs}$,远小于拉曼响应特征时间($\tau_k = 70\ \text{fs}$),故忽略延迟贡献。多光子吸收系数(MPA),$\beta^{(Ki)} = K_i\hbar\omega_0\sigma_K = 3.1\times10^{-98}\ \text{cm}^{2K-3}/\text{W}^{K-1}$,多光子电离系数(MPI)$\sigma_K = 2.88\times10^{-99}\ \text{s}^{-1}\text{cm}^{2K}/\text{W}^K$。这里我们考虑的

是电离一个氧原子所需要的光子数 $K=8$。另外 $\rho_c \approx 1.7\times10^{21}\ \mathrm{cm^{-3}}$ 和 $\rho_{at}=5.4\times10^{18}\ \mathrm{cm^{-3}}$ 分别表示临界等离子体密度和初始中性氧分子密度。方程(7.2)描述了由电子密度引起的等离子体散焦 ρ_e，由于脉宽较小，激光的碰撞电离和电子－离子复合被忽略。

上面给出的参数值是在大气压强为 1 atm 的情况下的取值，而这些参数的大多数都是和大气压强有关的，具体关系可以写成以下形式[24]：

$$\beta_2=\beta_{2,0}\times p \tag{7.4}$$

$$n_2=n_{2,0}\times p \tag{7.5}$$

$$\beta_K=\beta_{K,0}\times p \tag{7.6}$$

$$\rho_{at}=\rho_{at,0}\times p \tag{7.7}$$

其中，0 代表标准大气压下的数值，p 为实际的大气压强。

在数值计算中，一个中心波长 $\lambda_0=800\ \mathrm{nm}$ 的飞秒高斯光束通过一个 2 m 长的气压连续变化的气室中，输入脉冲被焦距为 f 的透镜聚焦后可写为：

$$\varepsilon(r,t,z=0)=\varepsilon_0\exp\left(-\frac{r^2}{\omega_0^2}-\frac{t^2}{\tau_0^2}\right)\times\exp\left(-\mathrm{i}\frac{k_0r^2}{2f}\right) \tag{7.8}$$

其中，ε_0、ω_0 和 τ_0 分别是初始电场振幅、最大强度的 e 处的束腰宽度和脉冲宽度。

为了模拟连续变化的大气压强随海拔高度(相当于垂直传播)的变化关系，压强梯度使用了简单的等温模型[24]，$p=p_0\exp(-z/z_\mathrm{p})$。需要注意的是，对于不同的气压梯度，$z_\mathrm{p}$ 的取值是不同的。如图 7.1 表示，从标准大气压到不同低压(实线)和从不同低压到标准大气压(虚线)时，大气压强随传播距离的变化关系曲线。

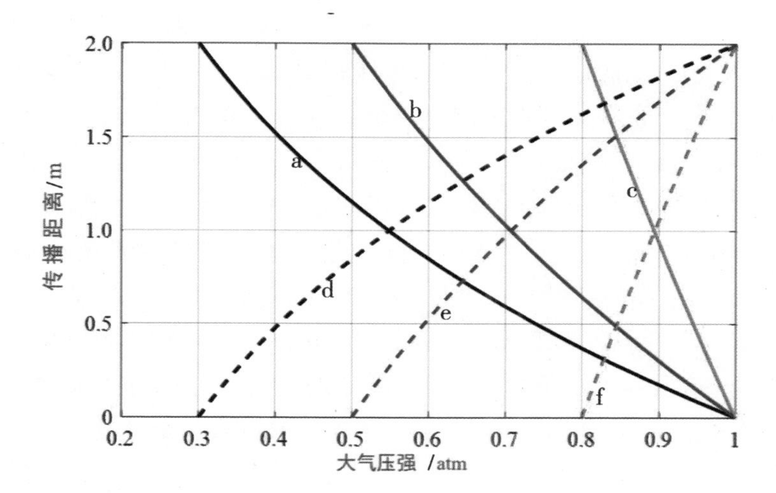

图 7.1　大气压强和传播距离 z 的变化关系图

实线表示气压从 1 atm 变化到不同的低压的情况：(a) 1 ~ 0.3 atm，(b) 1 ~ 0.5 atm，(c) 1 ~ 0.8 atm；虚线表示气压从不同的低压变化到 1 atm 的情况：(d) 0.3 ~ 1 atm，(e) 0.5 ~ 1 atm，(f) 0.8 ~ 1 atm

7.3　结果讨论与分析

在本节中，数值分析了连续变化的大气压强对光丝传播的影响。选取的参数为：脉冲宽度 $\tau_0 = 40\ \mathrm{fs}$，束腰宽度 $\omega_0 = 1\ \mathrm{mm}$。采用标准的 Fourier-Crank-Nicholson 方法，求解耦合方程(7.1)和方程(7.2)。其中时间分辨率为 $0.39\ \mathrm{fs}$，横向 r 的分辨率为 5 μm。

7.3.1 连续变化气压对光丝特性的影响

首先，研究在输入功率 $P_{in} = 5P_{cr}$（即固定输入功率比值）时，飞秒高斯光束在连续变化气压的大气中传输时产生光丝的特性。图 7.2 和图 7.3 分别给出了当气压变化为图 7.1 中(a)(b)(c)和图 7.1(d)(e)(f)时，

在不同焦距 f 下，激光光束的峰值光强（第一行），峰值等离子体密度（第二行），以及光束直径（第三行）随传播距离的演化，其中光束半径为光通量的半高全宽。为了比较固定压强和连续变化压强下光丝特性的差异，我们还给出了固定压强 p = 1 atm、0.3 atm、0.5 atm 和 0.8 atm 下的等离子体峰值密度演化，如图 7.2 和图 7.3 的虚线所示。从这两幅图可以看出，随着透镜焦距 f 的增加，光丝的起点位置依次远离光源，这是透镜聚焦效应引起的一种普遍现象 [26]。当压强从标准大气压变化到不同的低压时，在较小的焦距 $f = 0.5$ m 和 $f = 0.8$ m 处，光丝的起点位置变化不明显。然而，随着焦距的增加（如 $f = 1.2$ m），在气压梯度变化的范围较小（1 ~ 0.8 atm）的情况下，光丝起点位置会距离光源更近，如图 7.2（c1）、（c2）和（c3）的实线①所示。根据 Marburger 半经验公式，一个高斯光束的塌缩位置为：$z_c = 0.367 z_R / \sqrt{[(P_{\text{in}} / P_{\text{cr}})^{1/2} - 0.852]^2 - 0.0219}$，其中，$z_R = k_0 \omega_0^2 / 2$ 为瑞利距离。当光束被透镜聚焦时，塌缩位置遵循透镜定律：$z_{c,f}^{-1} = z_c^{-1} + f^{-1}$。但该公式只适应于激光脉冲的临界功率 P_{cr} 和非线性折射率系数 n_2 为常数的情况。当大气压强变化时，临界功率也会随之发生变化：$P_{\text{cr}} = \lambda_0^2 / 2\pi n_0 n_2 \propto 1/p$。即随着压强的不断下降，光丝在大气中传播时的临

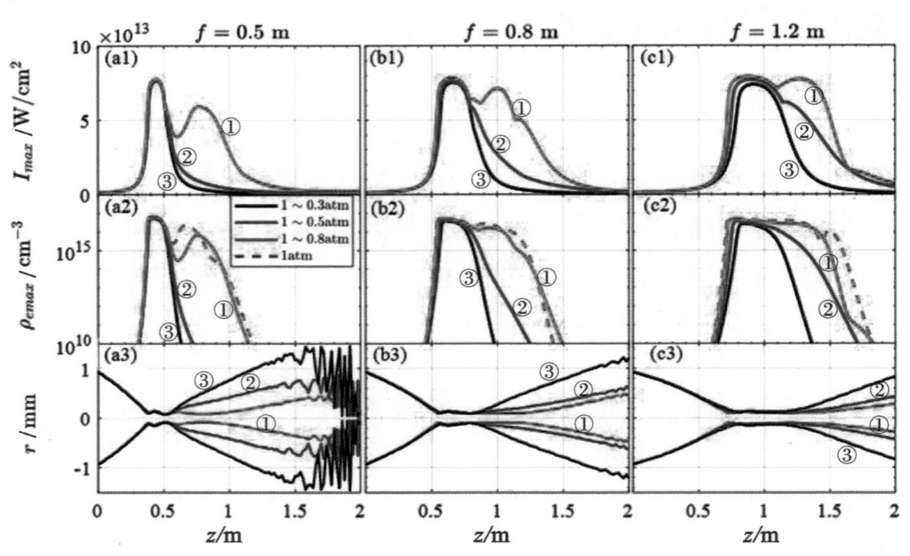

图 7.2　大气压强从标准大气压连续变化到不同低压的光丝特性

在不同凸透镜焦距 f 下，激光的峰值光强（第一行）、峰值等离子体密度（第二行）和光束直径（第三行）随传播距离 z 的变化，其中大气压强分别从 1 atm 变化到不同低压：1 ~ 0.3 atm（实线③），1 ~ 0.5 atm（实线②）和 1 ~ 0.8 atm（实线①）。第二行红色虚线表示在固定压强为 1 atm 的情况下，峰值等离子体密度随 z 的变化界功率会逐渐增大。同时，中性原子的密度也越来越稀薄。这两个方面的原因都会导致，在相应低压的传播位置处，局域的自由电子密度会减小，从而加速光丝的结束。因此，在相同的输入功率下，当气压从标准大气压变化到不同的低压时，此低压越高（0.8 atm），光丝越容易产生，而且也越容易维持光丝的连续传播。因此在气压变化的范围较小（1 ~ 0.8 atm）的情况下，成丝起点位置提前，光丝的长度也最长。另外，从图 7.2（a1）、（b1）和（c1）的实线①也可看出，在光丝传播的过程中，激光脉冲的强度发生了再聚焦。进一步发现，在固定压强（1 atm）条件下和较小的气压梯度（1 ~ 0.8 atm）的情况下，光丝长度几乎是相同的，但却比大的气压梯度（1 ~ 0.3 atm）条件下形成的光丝的长度要长得多。

从图 7.2 的第二行可以看出，在紧聚焦条件下（$f = 0.5$ m），气压变化对光丝的稳定性影响较大。但在弱聚焦（$f = 1.2$ m）条件下，气压的变化对等离子体通道的均匀性影响就比较小。一般情况下，在焦距较小时，等离子体通道较短而且也比较均匀。然而，大气压强的增大，提高了轴向电子密度（$\rho_e \approx \sigma_K I^K t_p \rho_{at}$）的大小，进而增强了等离子体对激光脉冲的散焦效应，这就导致了等离子体通道的不连续性，如图 7.2（a2）实线①和虚线所示。随着焦距的增大，透镜对光束的几何聚焦效应减弱，此时，多光子电离产生电子密度的速率也被降低。即使压强的增大增强了多光子电离率（$\sigma_K \propto p$），但也不足以补偿由于焦距增大而减少的电子密度。此时，总电子密度数仍然是减少的，伴随着能量的损失也会减少。例如，在 $f = 1.2$ m 时，峰值电子密度的最大值 $\rho_{e,\max} \approx 4.98 \times 10^{16} / \text{cm}^3$ 小于在 $f = 0.5$ m 时的值 $\rho_{e,\max} \approx 4.98 \times 10^{16} / \text{cm}^3$。因此，在弱聚焦条件下，如图 7.2（c2）所示，等离子体通道的长度被延长，光丝的稳定性也得到了提高。同时也表明，光丝的稳定性是由大气压强和透镜焦距的联合效应共同决定的。另外，光丝的钳制强度（$I_{clamping} \approx \left[2n_2\rho_c / \left(\sigma_K t_p \rho_{at}\right)\right]^{1/(K-1)} \approx 5.66 \times 10^{13}\ \text{W/cm}^2$）不依赖于大气压强，

因为 $n_2/\rho_{at}=n_{2,0}/\rho_{at,0}$ [27]。因此，在图 7.2（a1）、（b1）和（c1）中，最大强度在不同的压强变化下具有可比拟的值。而且，激光峰值强度随压强变化的值可以通过透镜的聚焦强度来调节。在弱聚焦的情况下，随着压强的增加，强度略有增加。相反，在紧密聚焦的情况下，强度随着压强的增加而略微降低（这里未显示此图）。最后，从图 7.2（a3）、（b3）和（c3）可以看出，光丝的半径依赖于初始压强，而几乎不受压强变化的影响，因为 $I_{max}\pi R^2\propto p_{cr}\propto 1/p$ [28]，这个结果和文献 [25] 一致。

当大气的压强从不同的低压变化到标准大气压时，强飞秒激光所产生的光丝也具有许多不同的特性。从图 7.3 中可以看出，初始气压越低（如气压变化为 $0.3\sim1$ atm），光丝起点位置越靠近光源，光丝长度也越长。其中主要原因是，对于固定功率比值 P_{in}/P_{cr}，初始压强越低，临界功率越高，相应的输入功率（或能量）也会越高。一般来说，在合适的参数范围内，较高的输入能量时有利于光丝长度的扩展。从图 7.3 中的第二行可以看出，随着焦距的增加，在不同的气压变化下，等离子体通道会变得更加均匀和稳定。这与从 1 atm 变化到不同低压时的情况是一致的。而且，初始气压越低，光丝的直径越宽 [见图 7.3（a3）、（b3）和（c3）中的实线③]。结合大气压强从 1 atm 变化到不同低压的结果，进一步证明了光丝的半径依赖于初始压强，而与气压的变化无关 [28,29]。另外，当压强固定为 $p=0.3$ atm、$p=0.5$ atm 和 $p=0.8$ atm 时，光丝的起点位置比相应的低压变化到 1 atm 的情况下要延后，如图 7.3（a2）、（b2）和（c2）的虚线和实线所示。其原因主要是因为当气压从低压变化到标准大气压时，激光脉冲的临界功率是逐渐减小的，而中性原子的密度是越来越高。这不仅有利于光丝的形成，而且增加了多光子电离产生的等离子体密度。因此，峰值等离子体密度的最大值在大的气压梯度（0.3 ~ 1 atm）的情况下是在固定压强（0.3 atm）情况下的 **2.66** 倍 [见图 7.3（c2）的实线③和虚线]。

压强的变化分别为：$0.3\sim1$ atm（实线③），$0.5\sim1$ atm（实线②）和 $0.8\sim1$ atm（实线①）。第二行中的黑色、蓝色和红色虚线分别表示在固定压强0.3 atm、0.5 atm和0.8 atm下，等离子体峰值密度随传播距离的变化。其他说明与图 7.2 相同。

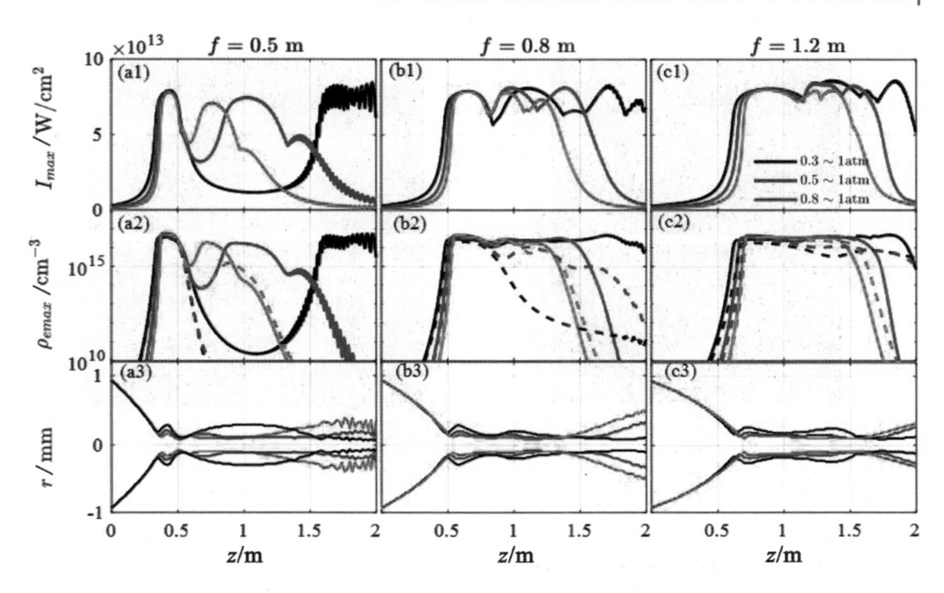

图 7.3 大气压强从不同低压连续变化到标准大气压的光丝特性

7.3.2 连续变化的大气压强对光丝传播的动力学的影响

从前面的分析中，可以明显看出，在固定压强和连续变化气压的条件下，光丝的特性是完全不同的，这也可以从光丝的时间动力学行为来分析。图 7.4（a）~（d）分别给出了，在固定压强（$p=1$ atm 和 $p=0.3$ atm）和连续变化的压强（$p=1\sim0.3$ atm 和 $p=0.3\sim1$ atm）两种情况下，当焦距 $f=1.2$ m 时，轴上强度的时间分布。与图 7.4（a）、（c）和图 7.4（b）、（d）相对应的一些传播位置处的轴上强度的时间分布如图 7.4（e）和 ltu 7.4（f）所示。从中可以看出，在成丝之前，轴上强度的时间分布几乎相同［见图 7.4（e）的 $z=0.6$ m 和图 7.4（f）的 $z=0.3$ m］。因为，此时激光的强度较低，光束传播的线性效应（如衍射效应和群速度色散效应）起主要作用，这也说明气压对线性项的影响较小。然而，当光束传播到即将形成光丝的位置时，光束传播的非线性效应开始起主导作用。我们知道，非线性折射率与压强成正比，即 $n_2=n_{2,0}\times p$。因此在气压较大的位置处，非线性克尔自聚焦的速度加快，激光强度也迅速增加。例如，轴上强度的最大值在固定压强 $p=1$ atm。

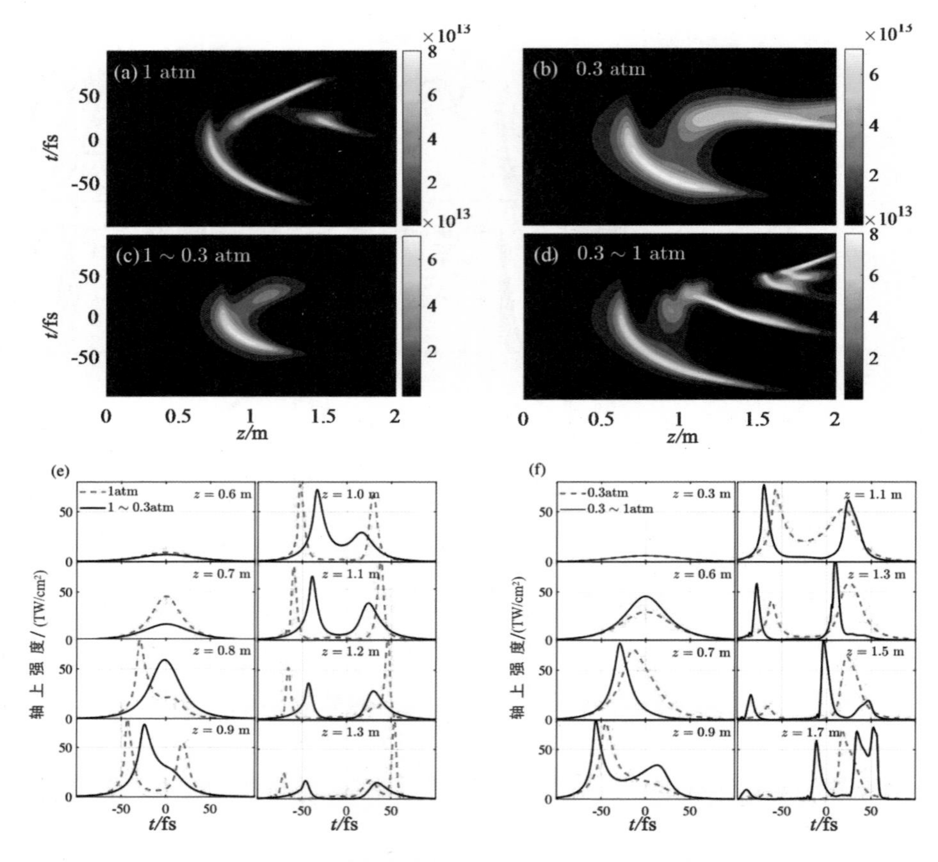

图 7.4 在固定压强和连续变化压强下，光丝的时间动力学图

固定气压 p=1 atm、0.3 atm（a）（b）和连续变化的气压 $p=1\sim0.3$ atm 和 $0.3\sim1$ atm（c）（d）下的轴上光强（W/cm^2）的时间分布随传播距离 z 的变化；（e）和（f）分别是与（a）、（c）和（b）、（d）相对应的一些传播位置处的轴上强度的时间分布。其中透镜焦距固定 $f=1.2$ m 情况下是连续变化压强 $p=1\sim0.3$ atm 的 2.83 倍 [见图 7.4（e）的 z=0.7 m]。而当气压从低压变化到标准大气压 $p=0.3\sim1$ atm 时，轴上强度的最大值是固定低压 $p=0.3$ atm 的 1.58 倍(见图 7.4（f）的 z=0.6 m)。这将导致激光脉冲在固定压强和连续变化的压强下的传播动力学的不同。在图 7.4（e）的 $z=1.3$ m 处，固定压强 $p=1$ atm 下的光丝的再聚焦次数要比 $p=1\sim0.3$ m 时的再聚焦次数多。而且在压强较大的情况下，光丝的强度也更强。因为在总能量保持常数不变时，劈裂脉冲的宽度就

会变得较窄，这从图 7.4（a）中也可以看出。同样，比较图 7.4（b）和图 7.4（d），劈裂脉冲的宽度在连续变化气压 $p = 0.3 \sim 1$ atm 比固定低压 $p = 0.3$ atm 要窄，而且前者脉冲劈裂的次数（或再聚焦次数）也比较多[见图 7.4（f）的 $z = 1.5, 1.7$ m]。因此，在激光脉冲传输过程中，如果气压保持较高的压强或者变化到较高的压强时，都有利于光丝长度的延长，如图 7.2 中 $p = 1$ atm 和图 7.3 中 $p = 0.3 \sim 1$ atm 所示。另外，从图 7.4（a）和图 7.4（d）可以看出，在 $p = 1$ atm 和 $p = 0.3 \sim 1$ atm 下，轴上光强的最大值约为 8.2×10^{13} W/cm^2。而在图 7.4（b）和图 7.4（c）中，在 p=0.3 atm 和 p=1 ～ 0.3 atm 下，轴上光强的最大值约为 7.5×10^{13} W/cm^2。正因为激光脉冲在固定压强和连续变化气压中传输的动力学的不同，才导致光丝的不同特性。

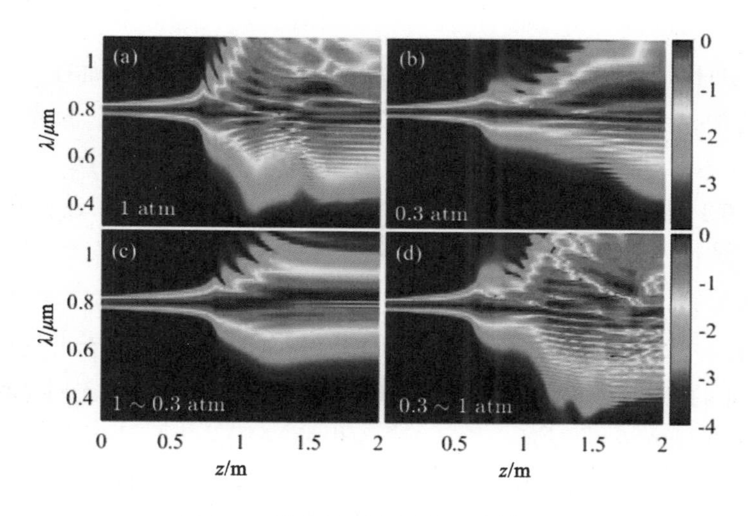

图 7.5　强度波谱随传播距离的演化

图 7.5 给出了与图 7.4 相对应的，在焦距 f=1.2 m 时，强度波谱的演化。可以看出，气压的变化对波谱展宽有着强烈的影响。首先，在高压[图 7.5（a）的 1 atm]比低压[7.5（b）的 0.3 atm]条件下，更有利于波谱向两侧的展宽。然而，光谱展宽，在大气压强从低压连续变化到 1 atm 和固定压强（1 atm）条件下，都可以覆盖整个可见光的频率范围。这是因为随着压强的增大，中性原子被强烈地电离，增强了波谱向蓝边的展宽。此外，当大气压强固定为 1 atm 和连续变化压强 0.3 ～ 1 atm 时，超连续谱出现了剧烈的振荡，这是由激光强度的时间分布发生多次脉冲

劈裂引起的，如图 7.4（e）的红色虚线和图 7.4（f）中的黑色实线所示。

7.3.3 不同初始脉冲参数对光丝传输特性的影响

在这一小节中，我们讨论固定功率比和固定输入能量两种情况下，气压从高压连续变化到低压和从低压连续变化到高压对光丝特性的影响。图 7.6 分别给出了，固定功率比 $P_{in}/P_{cr}=5$ [（a1）~（a3）和（b1）~（b3）] 和固定输入能量 $E_{in}=1\,\text{mJ}$ [（c1）~（c3）和（d1）~（d3）] 两种情况下，大气压强从 1 atm 连续变化到 0.3 atm（黑色实线）和从 0.3 atm 连续变化到 1 atm（红色虚线）时，峰值强度和峰值等离子体密度随传播距离的演化。（e）和（f）分别表示在焦距 $f=1.2\,\text{m}$ 时能量通量分布和能量损耗随传输距离 z 的演化。根据前面的分析，当固定初始功率与临界功率的比值（$P_{in}/P_{cr}=5$）时，输入功率或者输入能量会随着压强的降低而增加，因为临界功率与大气压强成反比（$P_{cr}\propto 1/p$）。激光脉冲的初始输入能量在连续变化的气压 $p=0.3\sim1\,\text{atm}$ 的情况几乎是在 $p=1\sim0.3\,\text{atm}$ 情况下的三倍。因此，对于固定输入功率比（$P_{in}/P_{cr}=5$），当激光脉冲从低压开始传输时，光丝产生的起点位置提前，光丝的长度也会被扩展，如图 7.6（a1）~（a3）和（b1）~（b3）的红色虚线所示。

当激光脉冲的输入能量（$E_{in}=1\,\text{mJ}$）固定时，同样，由于大气压强越低，脉冲的临界功率越高。因此光丝的起点位置在气压 0.3 ~ 1 atm 时要比在 1 ~ 0.3 atm 的情况延后 [见图 7.6 中的（c1）~（c3）和（d1）~（d3）]。然而，在大气压强从高压连续变化到低压（$p=1\sim0.3\,\text{atm}$）条件下的最大通量（$F_{max}=1.67\times10^3\,\text{J/cm}^2$）仍然高于从低压连续变化到高压（$p=0.3\sim1\,\text{atm}$）下的最大通量（$F_{max}=1.51\times10^3\,\text{J/cm}^2$），如图 7.6（e）所示。对于前者（$p=0.3\sim1\,\text{atm}$），随着大气压强的不断增加，临界功率逐渐下降，光丝更容易保持连续传输。而对于后者（$p=1\sim0.3\,\text{atm}$），临界功率不断增加，较小的能量通量使得中性原子不容易被电离。最后在传播位置 $z=1.3\,\text{m}$ 处，光丝的传输结束。另外，当气压从低压 0.3 atm 连续变化到 1 atm 时，大气密度越来越高，电子更容易通过多光子电离产生。此时，等离子体密度的增加对激光束起到了散焦的作用，降低了激光的自聚焦强度，从而导致了能量损耗的减慢，如图 7.6（f）的红色虚线所示。

在大气压强 $p = 0.3 \sim 1\,\text{atm}$ 条件下，光丝传播了 $z = 1.2\,\text{m}$ 时的能量损耗（约为 $\Delta E / E_{in} = 8.48\%$ ），比 $p = 1 \sim 0.3\,\text{atm}$ 条件下，光丝传播了 $z = 0.6\,\text{m}$ 时的能量损耗（约为 $\Delta E / E_{in} = 5.21\%$ ）缓慢得多。因此，在弱聚焦条件下（ $f = 1.2\,\text{m}$ ），激光脉冲从低压开始传输到高压。

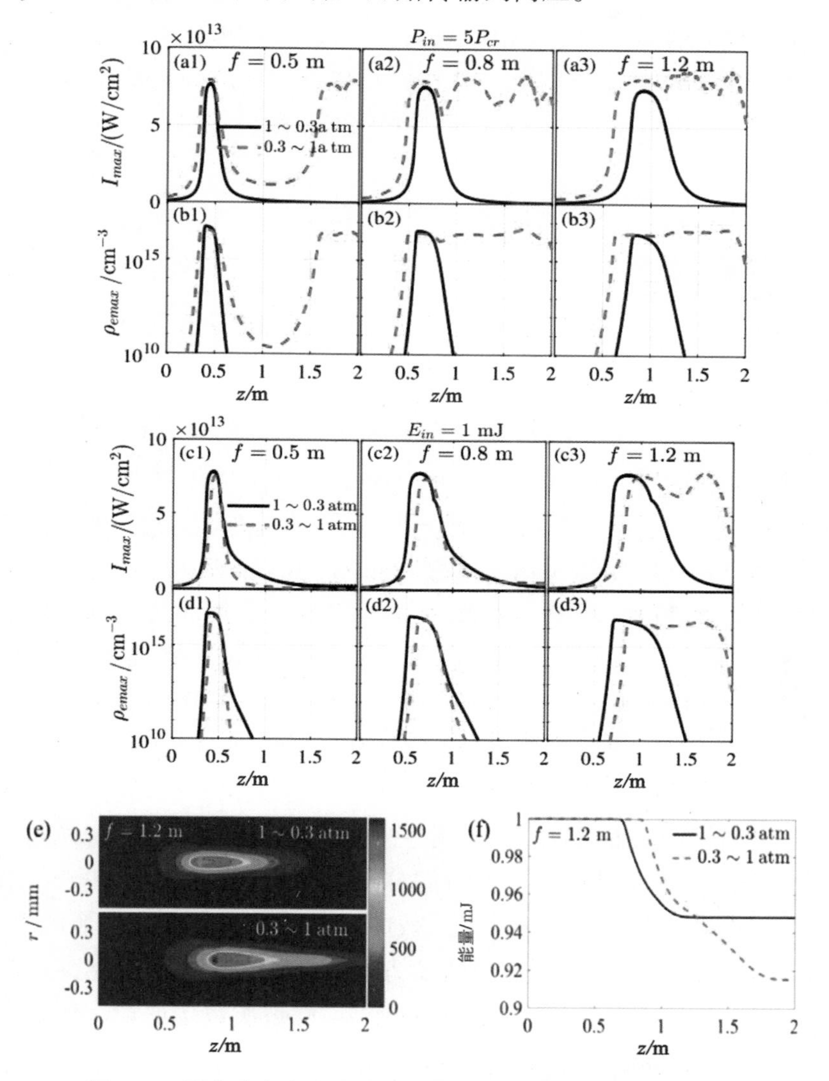

图 7.6　固定功率比和固定输入能量两种情况下的光丝特性

在固定功率比值 $P_{in} / P_{cr} = 5$（a1）~（a3）和（b1）~（b3）与固定输入能量 $E_{in} = 1\,\text{mJ}$（c1）~（c3）和（d1）~（d3）两种情况下，峰值等离子

体密度（a1）~（a3）和（c1）~（c3）与峰值光强（b1）~（b3）和（d1）~（d3）随传播距离 z 的变化。其中黑色实线表示气压变化 $p=1\sim0.3$ atm，虚线表示气压变化 $p=0.3\sim1$ atm；（e）光丝的能量通量（单位 J/cm^2）分布；（f）能量损耗随传播距离的变化，焦距 $f=1.2$ m。

$p=0.3\sim1$ atm 时所产生的光丝长度仍然要比从高压开始传输到低压 $p=1\sim0.3$ atm 时的长度要长。这也意味着大气压强从低压（高海拔）连续变化到 1 atm（地面）将更有利于光丝的长距离传输。

7.4 本章小结

在本章中，通过数值模拟，研究了强飞秒高斯光束在不同透镜焦距 f 作用下，通过一个 2 m 长的气压连续变化的气室中传输时产生光丝的特性。首先，当输入功率为 $P_{in}/P_{cr}=5$，大气压强从标准大气压变化到不同低压时，当气压连续变化的范围较小（$1\sim0.8$ atm）时，光丝的起点位置被提前，光丝长度增加。然而，当在大气压强从不同的低压变化到标准大气压时，气压连续变化的范围越大（$0.3\sim1$ atm）时，光丝的起始位置越靠近光源，光丝长度也越长。随着焦距的增加，这些效应也相应地被增强了。此外，光丝的半径依赖于初始气压，而与气压的变化无关。光丝的稳定性是由大气压强和焦距的联合效应共同决定的。其次，我们分析了激光脉冲在固定压强和连续变化压强的大气中传输时，光丝的不同特性。进一步从轴上强度的时间分布去分析，结果发现，在光丝形成之前，压强对激光脉冲传输的线性效应影响较小。而在光丝形成之后，大气压强强烈地影响光丝传输的动力学特性。当压强保持在高压和变化到较高的气压时，劈裂脉冲的宽度变窄，劈裂次数也增加。例如在大气压强为 $p=1$ atm 和 $p=0.3\sim1$ atm 的情况下，这将非常有利于光丝的形成与传输。同时，有利于波谱的展宽到整个可见光范围。更为有趣的是，我们发现，在固定输入能量 $E_{in}=1$ mJ 时，随着焦距的增加（$f=1.2$ m），即使初始时激光脉冲在低压时临界功率较高，但激光脉冲从低压开始传输到高压（ $p = 0.3 \sim 1$ atm ）时所产生的光丝长度仍然要比从高压开始传输到低压（ $p = 1 \sim 0.3$ atm ）时的长度要长。因此，激光脉冲从低压（高空）到高压 1 atm （地面）的传输是更有利于延长光丝的长度。

这里，我们应该注意的是，数值模拟是在实验室尺度下折射率梯度较大的条件下进行的。而在实际大气环境中，根据简单的等温模型，气压随海拔高度变化（ 0~11 km ），在海拔高度 5 km 以下，每增加 1 km，大气压强约下降 0.1 atm[6]。虽然，长距离光丝传输的精确模拟是困难的，但高功率多丝脉冲传输超过 1 km[29] 的数值计算已实现。而且，气压的微小变化仍然强烈地影响光丝在千米范围内的非线性传输的特性。在我们的模拟结果中，也表明当气压的连续变化和压强固定时，光丝的特性有着明显的不同。虽然在我们的计算中，折射率梯度很大，但我们预测气压的连续变化对光丝传输特性影响的规律，同样适用于飞秒激光脉冲在实际大气环境中的传播。

参考文献

[1] Braun A, Korn G, Liu X, et al. Self-channeling of high-peak-power femtosecond laser pulses in air[J]. Optics Letters, 1995, 20（1）: 73-75.

[2] Fontaine B L, Vidal F, Jiang Z, et al. Filamentation of ultrashort pulse laser beams resulting from their propagation over long distances in air[J]. Physics of plasmas, 1999, 6（5）: 1615-1621.

[3] G. M. A, C. D. A. A, Y.B. A. A, et al. Range of plasma filaments created in air by a multiterawatt femtosecond laser[J]. Optics Communications, 2005, 247（1-3）: 171-180.

[4] Méchain G, Couairon A, André Y B, et al. Long-range self-channeling of infrared laser pulses in air: a new propagation regime without ionization[J]. Applied Physics B, 2004, 79（3）: 379-382.

[5] Rodriguez M, Bourayou R, Méjean G, et al. Kilometer-range nonlinear propagation of femtosecond laser pulses[J]. Physical Review E,2004,69（3）: 036607.

[6] Wöste L, Wedekind C, Wille H, et al. Femtosecond White Light for Atmospheric Remote Sensing[J]. Optoelektronil,1997,29: 51-53.

[7] Rairoux P, Schillinger H, Niedermeier S, et al. Remote sensing of the atmosphere using ultrashort laser pulses[J]. Applied Physics B, 2000,71（4）: 573-580.

[8] Khan N, Mariun N, Aris I, et al. Laser-triggered lightning discharge[J]. New Journal of Physics,2002,4（1）: 61.

[9] Zaïr A, Guandalini A, Schapper F, et al. Spatio-temporal characterization of few-cycle pulses obtained by filamentation[J]. Optics Express,2007,15（9）: 5394-5405.

[10] Mlejnek M, Wright E M, Moloney J V. Femtosecond pulse propagation in argon: A pressure dependence study[J]. Physical Review E,1998,58（4）: 4903.

[11] Becker A, Aközbek N, Vijayalakshmi K, et al. Intensity clamping and refocusing of intense femtosecond laser pulses in nitrogen molecular gas[J]. Applied Physics B,2001,73（3）: 287-290.

[12] Champeaux S, BergéL. Femtosecond pulse compression in pressure-gas cells filled with argon[J]. Physical Review E,2003,68（6）: 066603.

[13] Kortsalioudakis N, Tatarakis M, Vakakis N, et al. Enhanced harmonic conversion efficiency in the self-guided propagation of femtosecond ultraviolet laser pulses in argon[J]. Applied Physics B, 2005,80（2）: 211-214.

[14] Hauri C, Kornelis W, Helbing F, et al. Generation of intense, carrier-envelope phaselocked few-cycle laser pulses through filamentation[J]. Applied Physics B,2004,79（6）: 673-677.

[15] Hosseini S, Kosareva O, Panov N, et al. Femtosecond laser filament in different air pressures simulating vertical propagation up to

10 km[J]. Article Laser Physics Letters, 2012, 9（12）：868–874.

[16] Méchain G, Olivier T, Franco M, et al. Femtosecond filamentation in air at low pressures.Part II：Laboratory experiments[J]. Optics Communications, 2006, 261（2）：322–326.

[17] Kosareva O, Panov N, Makarov V, et al. Polarization rotation due to femtosecond filamentation in an atomic gas[J]. Optics Letters, 2010, 35（17）：2904–2906.

[18] Uryupina D, Kurilova M, Mazhorova A, et al. Few–cycle optical pulse production from collimated femtosecond laser beam filamentation[J]. Journal of the Optical Society of America B, 2010, 27（4）：667–674.

[19] Champeaux S, Bergé L. Long–range multifilamentation of femtosecond laser pulses versus air pressure[J]. Optics Letters, 2006, 31（9）：1301–1303.

[20] Arévalo E. Self–focusing arrest of femtosecond laser pulses in air at different pressures[J]. Physical Review E, 2006, 74（1）：016602.

[21] Li S Y, Guo F M, Yang Y, et al. Influence of higher–order Kerr effect on femtosecond laser filamentation in air at different pressures[J]. Journal of Physics：Conference Series, 2014, 488（3）：032051.

[22] Li S Y, Guo F M, Song Y, et al. Influence of group–velocity–dispersion effects on the propagation of femtosecond laser pulses in air at different pressures[J]. Physical Review A, 2014, 89（2）：023809.

[23] Méchain G, Méjean G, Ackermann R, et al. Propagation of fs TW laser filaments in adverse atmospheric conditions[J]. Applied Physics B, 2005, 80（7）：785–789.

[24] Couairon A, Franco M, Méchain G, et al. Femtosecond filamentation in air at low pressures：Part I：Theory and numerical simulations[J]. Optics Communications, 2006, 259（1）：265–273.

[25] Hu Y, Nie J, Ye Q, et al. Femtosecond laser filamentation with different atmospheric pressure gradients[J]. Optik, 2016, 127：

11529–11533.

[26] Couairon A, Franco M, Mysyrowicz A, et al. Pulse self-compression to the single-cycle limit by filamentation in a gas with a pressure gradient[J]. Optics Letters, 2005, 30 (19): 2657–2659.

[27] Geints Y E, Zemlyanov A A, Ionin A A, et al. Nonlinear propagation of a high-power focused femtosecond laser pulse in air under atmospheric and reduced pressure[J].Quantum Electronics, 2012, 42 (4): 319.

[28] Bernhardt J, Liu W, Chin S, et al. Pressure independence of intensity clamping during filamentation: theory and experiment[J]. Applied Physics B, 2008, 91 (1): 45–8.

[29] Champeaux S, Bergé L. Long-range multifilamentation of femtosecond laser pulses versus air pressure[J]. Optics letters, 2006, 31 (9): 1301–1303.

[30] Qi X, Ma C, Lin W. Pressure effects on the femtosecond laser filamentation[J]. Optics Communications, 2016, 358: 126–131.

第8章 总结和展望

强飞秒激光在大气中传输，其传输距离会远远超越衍射极限，形成高强度的光丝，产生低密度等离子体和超连续光谱。这些非线性现象不仅对于基础研究有着重要的意义，对于实际应用，如激光引雷、遥感探测和激光雷达等都有着巨大的应用价值。因此，飞秒激光在大气中传输已经成为国际强场物理领域的一项研究热点，吸引了众多物理学家的研究兴趣。空心光束是近年来发现的一类新型光束，它是一种其中心强度为零的激光束，具有独特的光束特性。近些年来利用空心光（如暗空高斯光、艾里光等）在非线性介质中的传播也引起了人们的极大研究兴趣。

强飞秒激光在大气中传输会产生多种线性效应和非线性效应，如衍射、群速度色散、克尔效应、多光子电离，以及等离子体散焦等。由于模型的复杂性，理论解析方法有很大的局限性，通常都作了很多近似来处理非线性效应，得到的结果不够准确，只能在某些情况下定性地反映物理问题。因此，强飞秒激光在透明介质中的动态演化过程必须借助数值求解。建立（$3D+1$）维非线性薛定谔方程可以较为完备地描述这一特殊非线性传输动力学过程。

本书中，为了探索实际应用所需要的光丝长距离传输这一关键问题。目前研究了产生长距离空间光丝传输的方法，通过变换光束波前形状，利用飞秒环状高斯光束在大气中产生扩展光丝，以及利用三共线的飞秒脉冲在大气中产生长距离的双色光丝；探讨了几何聚焦参数、激光脉冲参数和脉冲输入能量对光丝在大气中传输的影响，以及大气压强和密度对光丝传输特性的影响，并分析了环形高斯光丝的延迟克尔非线性效应；利用飞秒环形高斯光丝产生超连续波谱，并用不同透镜对超连续辐射进行调制。具体结果总结如下：

（1）首先，利用强飞秒环形高斯光在大气中产生扩展光丝。通过数值模拟了强飞秒环形高斯光束在大气中传输的动力学行为，并分析了环形高斯光束成丝的物理机制。研究结果表明，在相同初始条件下，与传统的高斯光丝相比，环形高斯光在大气中产生稳定且长的等离子体通道方面有重要的提高。其中的物理机制可以从两方面解释：一是由锥透镜和凹透镜组成的光学系统之间的动力学竞争导致等离子体通道很大的扩展；二是由于在形成光丝之前，环形高斯光脉冲的特殊横向空间分布导致了脉冲在时间上的劈裂，从而使脉冲的能量重新分布。其次，数值模拟了外部几何聚焦参数和激光脉冲参数对环形高斯光丝的特性和激光脉冲能量沉积的影响。研究结果表明，光丝的起点位置，等离子体通道的长度、均匀性，以及能量沉积强烈地依赖于这些光学参数。利用能量沉积解释其中的成丝机制，并在最大能量沉积附近调节透镜参数可获得长距离光丝。另外，我们发现，在相同初始激光强度的条件下，等离子体通道的长度和均匀稳定性，通过增加光束宽度要比增加光束半径有优势。最后，研究了初始脉冲能量对环形高斯光束在大气中成丝动力学的影响。研究表明，当增加初始脉冲能量时，环形高斯光束在大气中生成的等离子体通道的长度被延长。而当脉冲能量增大到一定值时，虽然等离子体通道的长度继续增加，但是等离子体通道的稳定性却有所下降。这是因为，随着脉冲能量的增大，由于克尔效应的增强，光通量以更快的速度增加，从而使成丝起点提前，但是当脉冲能量增大到一定值后，继续增大脉冲能量，高强度的光通量不再提前，而是有明显的横向扩展，且过高的脉冲能量也导致了复杂的自聚焦现象，从而不利于稳定光丝的远距离传输。

（2）研究了在分子转动响应特征时间附近的不同脉宽下，延迟克尔效应对环形高斯光丝特性的影响。结果表明，在考虑延迟克尔效应后，成丝起点提前，光丝长度延长，峰值等离子体密度出现振荡，从而使光丝变得不稳定和不均匀。另外，延迟克尔效应还强烈影响环形高斯光束的传输动力学。如，在延迟克尔效应存在的情况下，能量通量被重新分配,导致总能量损耗速度的下降和光丝长度的延长;通过对环形高斯光丝的时间动力学研究,我们还发现延迟克尔效应的存在使脉冲在光丝形成之前不对称地劈裂,从而使光丝的起始位置提前;在光丝形成之后,延迟克尔效应增强了脉冲后沿的自聚焦,以及光丝传播出现了多个聚焦周期,从而扩展了环形高斯光丝的长度。其次,分析了飞秒环形高斯光束在大气中产生的超连续波谱。与相同初始条件下的高斯光丝的波谱展宽相比,环形高斯光丝在第一个聚焦周期内产生的光滑的超连续谱覆盖了整个可见光的频率范围。然后对自相位调制和电离诱导的频率转移在波谱展宽中的作用进行了分析,结果表明,在光丝的起始位置处,电离诱导的频率转移起着主导作用,而在波谱向短波方向展宽到最宽时,光强诱导的频率转移起着主导作用。此外,我们也讨论了脉冲能量和空间啁啾对环形高斯光产生超连辐射的影响。发现合适的脉冲能量和空间啁啾对环形光产生的光滑超连续谱向短波方向的展宽中起着关键的作用。

(3)研究了在标准大气压下,强飞秒环形高斯光在大气中传输的透镜聚焦效应。分析了不同透镜和不同输入脉冲能量对强飞秒环形高斯光在大气中传输的影响。结果表明,在初始能量固定时,光丝的特性及其超连续波谱强烈地依赖于凸透镜焦距 f 和锥透镜引入的空间啁啾系数 C。透镜聚焦能力减弱(即 f 增大和 C 减小),成丝起点延后,光丝变长且不稳定,但更有利于波谱在短波方向上的展宽。由锥透镜聚焦所产生的超连续波谱会更加光滑,在传播方向的作用区域也更长。频率变化最大值 $\Delta\omega_{max}$ 的峰值更有利于光谱展宽,但与最大展宽位置并不完全对应。此外,固定透镜焦距 f 和空间啁啾系数 C,适当的脉冲能量对获得宽而光滑的超连续光谱也起着关键作用。

(4)探索了一种新的产生长距离双色光丝的方法。即利用三共线的飞秒脉冲在大气中产生长距离的双色光丝。有趣的是,两低强度的 400 nm 环形光的相干叠加使双色光丝的长度比高斯光单独成丝提高了一个多的量级,由于两环形光相干地把能量补充到光丝中心,并且 400 nm 光丝的钳制强度要低于 800 nm 的光丝。因此低的输入能量(1.2 mJ)就足以保证双色光丝的长距离传输。这种方法可能为长距离光丝的产生提供了一种有效且经济的途径。

（5）研究了强飞秒激光通过一个 2 m 长的气压连续变化的气室中在透镜不同焦距条件下传输时产生光丝的特性。分析了大气压强从标准大气压变化到不同低压和从不同低压变化到标准大气压时，光丝传输特性的不同。结果表明，光丝的起始位置和光丝的长度强烈依赖于大气压强的变化。而且这些效应在输入功率 $P_{in}=5P_{cr}$ 时，随着透镜焦距的增加而被增强。主要原因是其中的一些物理参数值（群速度色散、非线性折射率、多光子电离率，以及中性原子密度）会随气体压强的变化而发生改变。光丝的稳定性由压强和透镜焦距的联合效应共同决定。另外，我们讨论了固定压强和连续变化的压强对光丝特性的不同影响。通过时间动力学和超连续波谱的分析，发现气压保持在高压（1 atm）和变化到高压（如 0.3~1 atm）时，有利于光丝的传输和波谱的展宽。更为有趣的是，对于固定输入脉冲能量 $E_{in}=1\,\text{mJ}$，虽然激光脉冲的临界功率在低压条件下是比较高的，但随着焦距的增大，光丝长度在大气压强从低压 0.3 atm 连续变化到 1 atm 时仍然比压强从 1 atm 连续变化到 0.3 atm 时要长。此研究为遥感探测大气污染物的组分有着重要的意义。

强飞秒激光在大气中传输的快速发展，不仅促进了基础理论的发展，而且在应用方面也得到了极大的拓展。同时，也对激光成丝这一领域的基础物理机制研究和实际应用技术提高都提出了新的挑战。下面主要介绍两方面具有前瞻性和挑战性的研究工作，即空气激光和星载光丝的远程传输。

8.1 空气激光

强飞秒激光在大气中成丝会出现另一种有趣而独特的现象就是“空气激光”。所谓空气激光就是指强飞秒激光在大气中产生的光丝可以作为泵浦源，以大气中主要组分氧气或氮气作为增益介质，通过远程泵浦产生粒子数反转，实现远场的无光学谐振腔的放大现象，从而产生定向的类激光的发射。由于空气激光具有良好的方向性，可以克服传统光学遥感的平方衰减定律，而且空气激光也具有高相干性和高强度的优越特性。因此利用空气激光可以远程遥感探测大气污染物、爆炸物或核泄漏物质等，实现多种污染物的同时测量。另外，空气激光与远程空气中的原子、分子或离子发生相互作用时，会出现许多新奇的物理效应，如强场物理、非线性光学，以及量子光学效应等，为超快激光成丝现象的认识提供了一种全新的视角。

2003年，Laval大学Chin研究小组[1]首次在实验中观察到，当飞秒激光在空气成丝诱导背向荧光辐射时，氮气分子的背向荧光信号强度随光丝的长度的增加而呈指数增长。他们认为这是荧光自发辐射光放大的信号，是由光丝激励氮气分子实现了粒子数反转导致的，并提出了空气激光的概念。2011年，Dogariu等[2]和Yao等[4]分别在实验中，利用紫外皮秒激光驱动的氧原子激光和中红外飞秒激光泵浦的氮分离子激光，并证实了此类激光具有高强度和高准直度的激光特性。2013年，Yuan等人在实验中观测到，水蒸气的背向荧光信号强度随光丝长度的增加而呈指数增长实现光放大[2]。而且发现，在光丝周围的水分子被成丝产生强激光场的红外脉冲分解，这不同于紫外辐射通过单光子分解水分子的过程。随后，人们也发现强飞秒激光丝还可以诱导其他分子或分子碎片产生类似的荧光自发辐射的光放大现象，产生了多种类型的空气激光[5,6,7,8,9,10,11-13]。目前，空气激光的研究得到了国内外近20个研究小组的广泛关注。

空气中主要包含氮气和氧气两种大气组分。通常采用不同的泵浦激光条件，根据增益介质的类型，可以将空气激光分为原子类、分子类和离子类三种。

原子类空气激光主要以氧原子、氮原子，以及空气中含量较少的稀有气体作为增益介质而产生空气激光。其产生机制如图8.1所示，氧气分子在226 nm泵浦激光作用下通过双光子共振解离，产生了氧原子。然后，这些氧原子在泵浦激光作用下发生双光子共振激发，从基态$2p^3P$跃迁到激发态$3p^3P$，在这个过程中氧原子就是空气激光的增益介质，最终在$3p^3P$态和$3s^3S$态之间形成粒子数反转，进而通过自发辐射产生845 nm的荧光。该荧光辐射即为氧原子激光，其脉宽约为300 ps，背向激光信号强度比侧向非相干荧光的信号强度高两个数量级。随后的几年里，各个研究小组也采用不同的泵浦方式实现了氮原子、氧原子、氢原子，以及氩原子的空气激光[14,15,8,10]。

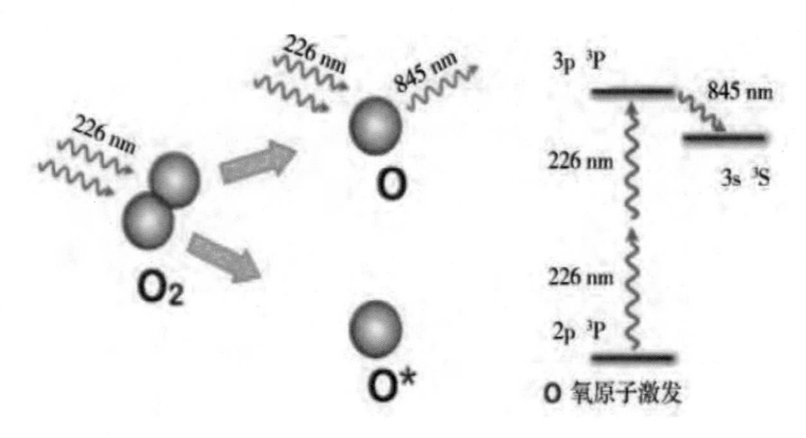

图 8.1　氧原子激光的产生机制[3]

分子类空气激光主要是以空气中含量最高的氮气分子作为空气激光的增益介质。Chin 小组首次观察到光丝诱导氮气分子产生背向荧光放大的现象，提出了空气激光概念，但此实验得到的光增益仅为 0.3 cm^{-1}。为了提高氮气分子处于 $C^3\Pi_u$ 激发态上的粒子数密度，主要通过粒子间的碰撞激发来实现，人们也相继提出了多种新的泵浦激发方法。其中一种有效的方法是利用激发态的氩原子与氮分子碰撞将能量传递给氮分子，使 N_2 激发到 $C^3\Pi_u$ 三重态，最终在 $C^3\Pi_u$ 和 $B^3\Pi_g$ 态之间产生粒子数反转。这就是利用激发态氩原子与氮分子碰撞产生氮分子空气激光的物理过程如图 8.2（a）所示。需要注意的是，N_2 在基态 $X^1\Sigma_g$ 和 $C^3\Pi_u$、$B^3\Pi_g$ 两三重态之间的跃迁是禁戒跃迁。2012 年，Kartashov 等[17]利用中心波长为 3.9 μm，脉宽 80 fs，重复频率为 20 Hz，单脉冲能量为 7 mJ 的红外飞秒激光在氮气和氩原子的混合气体中进行泵浦，结果观察到背向高强度的氮分子激光。后向测量得到的氮分子辐射的荧光光谱如图 8.2（b）所示，其波长中心为 337 nm 和 358 nm 的窄带宽激射信号分别对应于氮分子从 $C^3\Pi_u$ 态到 $B^3\Pi_g$ 态的不同振动能级的辐射跃迁。最后输出氮分子激光的单脉冲能量为 3.5 μJ，转换效率为 0.5%。另一种重要的激发方法就是通过高能电子碰撞来激发[18,19,20,22]，进而获得光丝诱导的氮分子激光。具体可行的实施方案有三种，分别为：采用圆偏振飞秒激光泵浦方案、利用高能量的长脉冲来有效的加热电子的方案，以及利用红外波长的飞秒激光加热电子来产生氮分子激光。另外其他的一些激发方法，如共振转移激发[17]、电离后再加热[21-24]等也都能实现强信号的氮分子激光的输出。最后,需要注意的是氧气分子对于氮分子激光具有很强淬灭作用,因此在氮分子激光在产生过程中,如何减小氧分子的不利影响是值得研究的一个关键的问题。

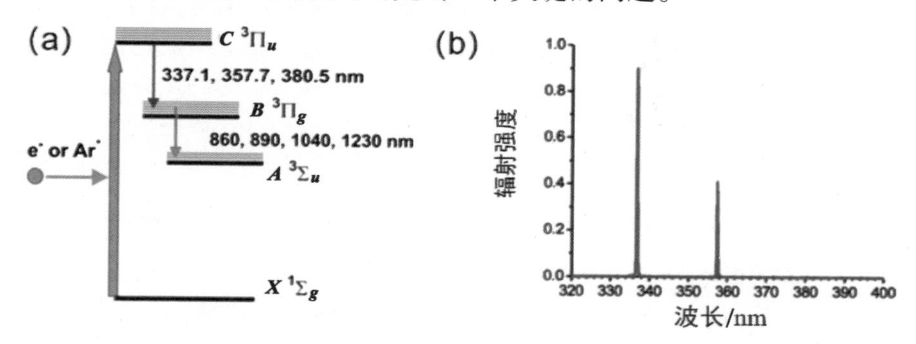

图 8.2 氮分子空气激光的产生 [17]

(a)氩原子碰撞激发产生氮分子激光的能级示意图;

(b)红外激光脉冲诱导氮气和氩气的混合气体产生的氮分子激光光谱

离子类空气激光,在产生的过程中蕴含着非常丰富物理效应,因此也引起了人们对这类空气激光研究的极大兴趣,其主要以氮分子离子作为增益介质。最早是在 2011 年,由 Yao 等在实验中利用红外飞秒激光在空气中成丝辐射的五次谐波光谱上出现一个波长约为 391 nm 的细锐尖锋,该辐射就是氮分子离子空气激光。如图 8.3 所示,391 nm 的波长正好对应 N_2^+ 的 $B^2\Sigma_u^+(v'=0)$ 态和 $X^2\Sigma_g^+(v=0)$ 态之间的跃迁辐射。而且随着泵浦激光的波长的不同,会在两态之间不同的振动态之间跃迁产生相干辐射而输出不同波长的 N_2^+ 激光。由于其可以在远程探测多种污染物分子具有潜在的应用前景,因此近几年掀起了人们对氮分子离子激光的研究热潮。为了获得高能量的 N_2^+ 激光,人们也发展了各种光场调控技术 [25-29,24,30-33],目前可以获得的 N_2^+ 激光的单脉冲能量可以达到 2.6 μJ。

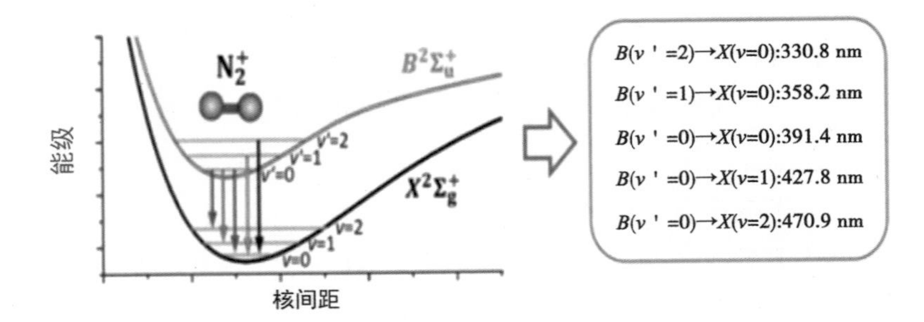

图 8.3　N_2^+ 从 $B^2\ \Sigma_u^+(v'=0)$false 态到 $X^2\ \Sigma_g^+(v=0)$ 态的跃迁能级图

其中不同振动能级对应不同的辐射波长 [16]

N_2^+ 激光的产生包含了多个物理过程，其粒子数反转的增益机制也还尚未达成共识。首先，两能态之间的粒子数反转机制，利用强场隧穿电离的理论是不能解释的。人们普遍认为，强飞秒激光在空气中成丝后与电离的电子、离子发生相互作用是产生 N_2^+ 粒子数反转的主要原因。为了解释其增益机制，各种物理模型相继被提出，如电子在碰撞激发模型 [34-35]、多电子态的耦合模型 [36-38] 以及各种量子态（电子态、振动态和转动态）相干引起的光学增益模型更是引起研究者的极大兴趣。其中由 Xu 等 [36] 和 Yao 等 [37] 提出的多态耦合模型是理解 N_2^+ 激光增益的重要机制。Yao 等从实验研究和理论计算中都发现在三态耦合中，中间电子态 $A^2\Pi_u$ 在基态 $X^2\ \Sigma_g^+$ 和激发态 $B^2\ \Sigma_u^+$ 之间产生的粒子数反转起着重要的作用。这个过程可以描述为：在泵浦激光电场峰值附近，N_2 分子被电离成 N_2^+，这些离子开始时大部分都处于基态 $X^2\ \Sigma_g^+$，然后，在激光场的作用下，处于基态 $X^2\ \Sigma_g^+$ 大部分 N_2^+ 被抽运到中间态 $A^2\Pi_u$，最终导致基态 $X^2\ \Sigma_g^+$ 和激发态 $B^2\ \Sigma_u^+$ 之间形成粒子数反转。但此模型是将电离和耦合分开处理，而且在理论模型也做了一些近似处理。Zhang 等提出的瞬时电离耦合模型，是将中性分子和电离产生的离子在激光场作用下同时进行动力学演化，此模型更能完备地描述 N_2^+ 激光的增益机制。在研究 N_2^+ 激光产生的过程中，更为有趣的是，在电子态、振动态和转动态之间会出现量子相干现象。这些态之间量子相干性不仅极大地提高了 N_2^+ 激光产生，而且在强场超快条件下，会出现许多量子光学的新效应。因此，各个研究小组近年来对相关课题做了大量的研究 [39-42]，在综述文

献 [43,44] 做了详细的介绍，这里将不再一一赘述。

目前，空气激光已成为强场激光物理研究的热点之一，这一领域的研究虽取得了很大的进展，但也面临着诸多的挑战。首先，需要建立一套完备的理论模型来描述在空气激光所产生的多种电子、原子、分子和离子与强激光场相互作用的复杂过程。其次，N_2^+ 激光的增益机制仍有争议，需要从理论模型和实验研究中做更深层次的探索。然后，在提高空气激光转换效率方面，也需要发展更好的激发方式。最后，在强飞秒激光丝诱导空气激光产生的过程中，会有许多新奇的非线性光学效应，以及和量子相干有关的量子光学效应亟待我们去不断探索和研究。

8.2 星载强飞秒激光丝的长程传输

对强飞秒激光在大气中的成丝传输的研究，最具有价值的就是它的潜在应用，如激光引雷、遥感探测和 THz 辐射等。而要实现这些实际的应用，对激光在真实的大气环境中远程传输的深入探索具有非常重要的意义。

2016 年，esa 的 Couairon 研究小组 [45] 提出了一种星载光丝辐射超连续白光用于遥感探测的方法，如图 8.4 所示。当输入能量 $E_{in} = 76\ \text{mJ}$，束腰宽度 $R_0 = 56\ \text{cm}$，脉宽 $\Delta t = 500\ \text{fs}$ 时，实现了强飞秒激光从地球轨道 400 km 向地面远程传输的数值模拟。并利用焦距为 390 km 的凸透镜聚焦，结果在距地面 10 km 之下形成了光丝，其长度约 30m，数值模拟结果如图 8.5 所示。这是一项极具挑战性的工作，因为在 400 km 的传输中，由于激光脉冲的束腰宽度达到了几十个厘米，因此在径向上按正常 dr=10 μm 的分辨率，大约需要 100 000 个格点，这样计算量是非常大的。为了减少计算耗时，他们采用了在高频区域插值，然后去除能量为零的格点的方法来提高光束中心分辨率，减少径向的总格点数的方法。如图 8.6 所示，在初始 z=0，给定 r 方向上空间的大小为 L，格点为 N_0。如图 8.6（b）所示，当激光脉冲在传输过程中由于光束向中间压缩，尾部的很多格点上的值几乎等于零，或者与最大强度相比可以忽略不计（最大强度的0.01%）。如图8.6（c）所示，当光束被压缩一半时，在保证光束信息不变（即保持光束包络形状不变）前提下，可以在已有的N_0个格点中进行插值，使格点增加到$2N_0$。然后，再截掉两边尾部的空间和格点各四分之一，仅保留中间部分（原空间的一半）。如图8.6（d）所示，此时总的空间变为$L/2$，格点数仍保持N_0，相应地分辨率提高了2倍。

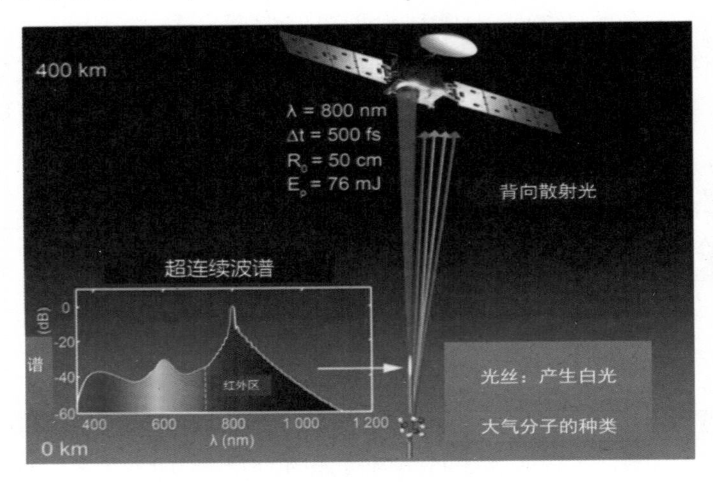

图8.4　用于大气遥感的星载光丝

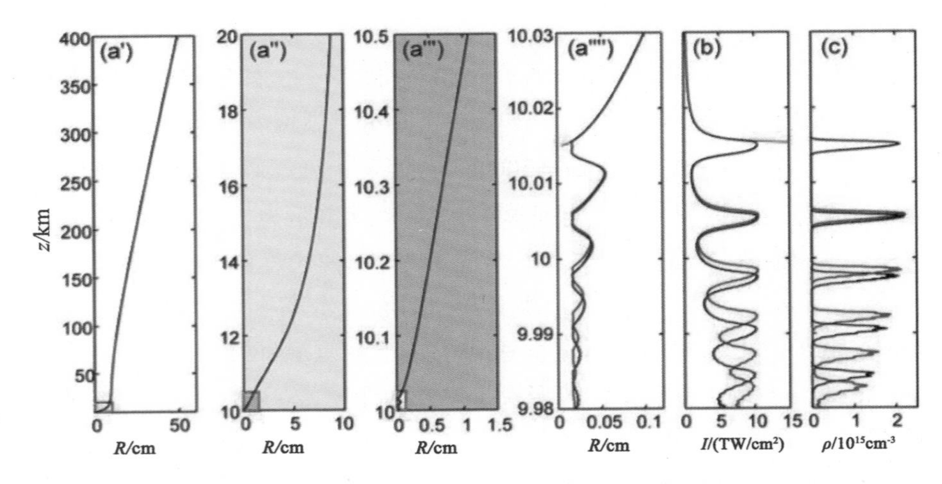

图8.5　星载光丝从地球轨道400 km向地面传输的数值模拟结果[45]

(a′)～(a″″) 光束的束腰宽度；（b）（c）激光峰值强度和峰值等离子体密度随海拔高度的变化

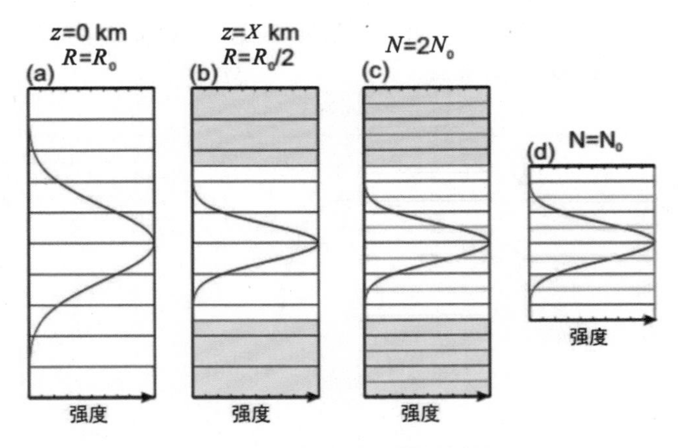

图 8.6　径向格点处理示意图

目前,我们也对此项研究做了一些前期的工作。具体内容如下所述。

8.2.1 仿真程序的验证

设计了强飞秒激光从地球轨道 400 km 到地面传输的仿真程序。下面分别从短距离和长距离传输去验证其有效性。

8.2.1.1 短距离传输的验证

通过短距离传输来验证,当参数输入能量 $E = 1\,\mathrm{mJ}$,束腰宽度 $\omega_0 = 1\,\mathrm{mm}$,脉宽 $\tau_0 = 50\,\mathrm{fs}$,峰值等离子体密度的演化如图 8.7 所示,蓝实线是采用传统方法 nr=1 000 个格点,dr=2 μm 的分辨率。红虚线是格点数 nr=256,初始的分辨率降到 dr=7.8 μm,当束腰宽度减小一半时,通过在频域空间插零点,然后变回到实域空间来截掉尾部上小于最大强度的 0.01% 的值,从而使空间分辨率提高一倍,即 dr=3.9 μm。图 8.7 说明了,采用此数值方法的可行性和正确性。

为了验证这个算法的正确性,我们还必须看和径向参数 r 有关的物理量,如时间轴上的强度的演化,如图 8.8 所示,蓝实线仍然是采用传统方法的结果,此时传播距离 z 是满足条件时的截断位置,即 $z = 0.2636\mathrm{m}$,红虚线就是此位置处采用插值截断方法后,轴上强度的空间分布,从中可以看出,截断后空间缩小一半,但强度形状和传统方法的得到的结果完全吻合。当成丝以后,即 z=0.42 m,两者的结果也是完全一致的,如

图 8.9 所示。虽然在接近空间中心轴 r=0 处，从数值上两者稍微有一些差异，但不会影响成丝的基本特性。

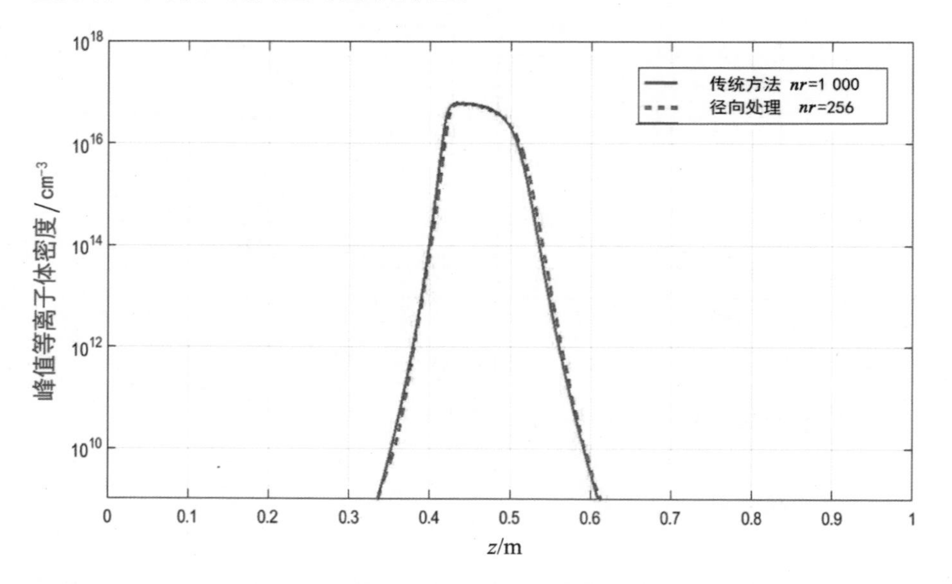

图 8.7　最大等离子体密度随传播距离的演化

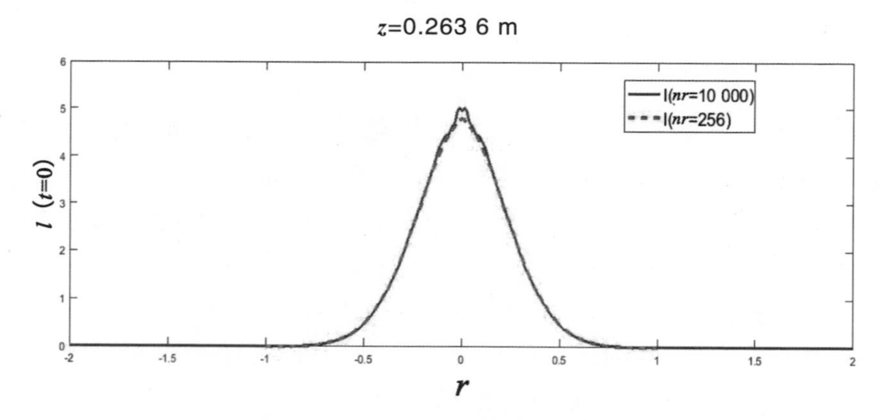

图 8.8　在 z=0.263 6 m 处，时间轴上的光强分布

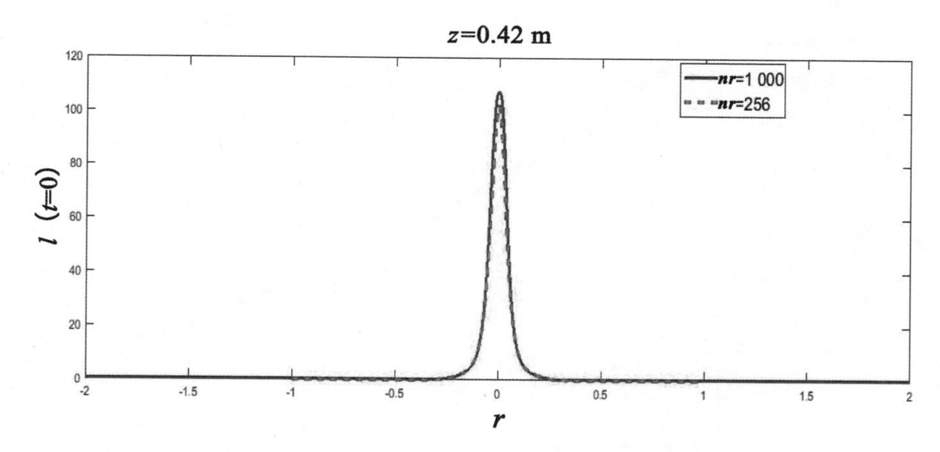

图 8.9　在 z=0.42 m 处，时间轴上的光强分布

8.2.1.2 400 km 传输的验证

从地球轨道 400 km 到地面传输中，必须考虑真实的大气环境，其中大气密度对激光传输有着很大的影响。一些参数强烈依赖于大气密度，如非线性折射率系数 n_2，多光子电离系数 $\beta^{(K)}$，以及中性原子密度 n_{at} 与大气密度成正比。我们采集了不同海拔高度下，组成大气成分的各种分子、原子的密度（或压强）数据，拟合了大气主要组成成分氮气和氧气的密度随海拔高度的变化，如图 8.10 和图 8.11 所示，目前这部分数据已写入程序中。

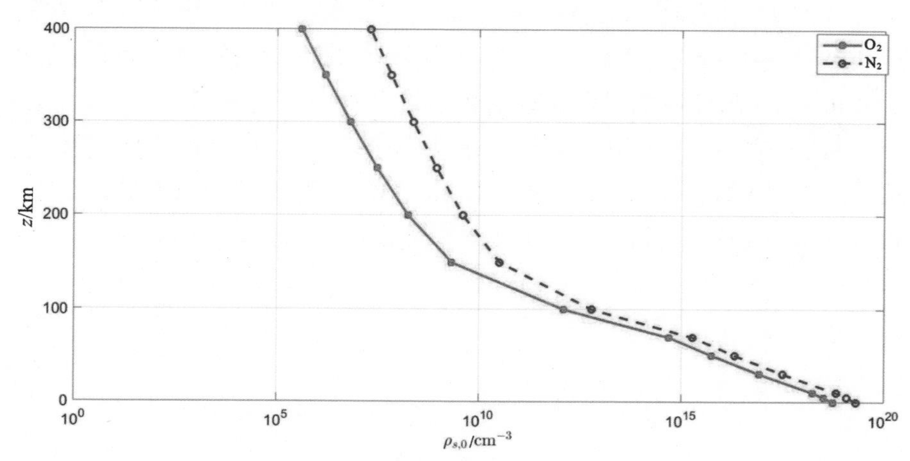

图 8.10　从 400 km 海拔高度到地面的氮气和氧气的密度

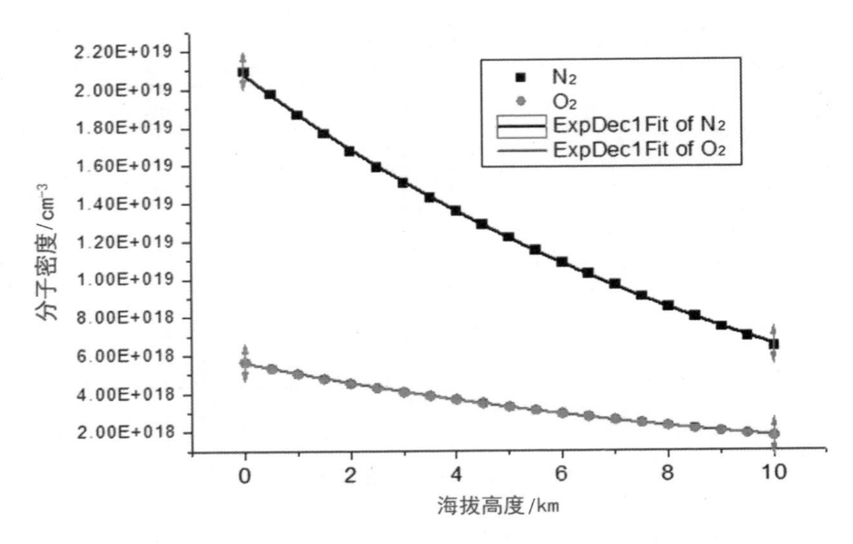

图 8.11　10 km 以下氮气和氧气的密度

要实现 400 km 的传输，还必须对空间步长进行处理，目前我们采用变步长的方法去试验，即在一开始步长设置得大一些，因为在高空大气密度非常稀薄，激光强度非常低，即使分辨率较低，对光束的传输影响非常小。随着海拔高度的降低，大气密度越来越大，在线性传输过程中，由于透镜聚焦，以及相位对光场的调制作用，激光强度逐渐增强，空间步长会逐渐减小。当激光成丝以后，空间步长设为定步长，分辨率达到标准范围（目前采用万分之五）。

我们采用的径向格点数 nr=214，当束腰宽度减小一半时，径向空间分辨率 dr=48 μm。当光束束腰宽度为 200 cm，典型的横向空间分辨率为 400 μm。因此我们目前所取的格点数是符合空间分辨率要求的。

目前，利用 OpenMP 技术实现了多核并行，大大提高了飞秒激光在大气中的传输效率。采用计算设备 2 × Intel Xeon Gold 6226R Processor，实现从地球轨道 400 km 到地面传输，用时约 10 d。

8.2.2 400km 传输的仿真计算

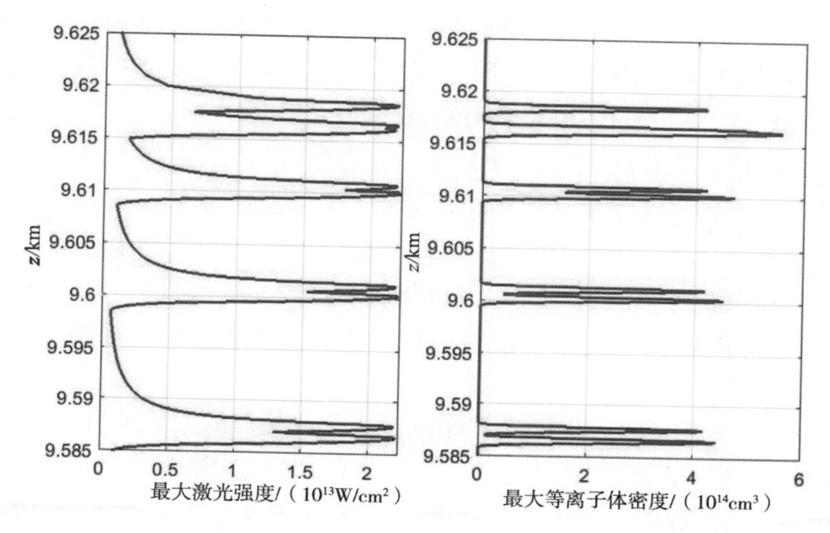

图 8.12　最大激光强度（左图）和最大等离子体密度（右图）和传播距离（距地面的高度）之间的关系曲线图

$E_{in} = 60$ mJ, $w_0 = 40$ cm, $\tau_0 = 100$ fs, $f = 390$ km

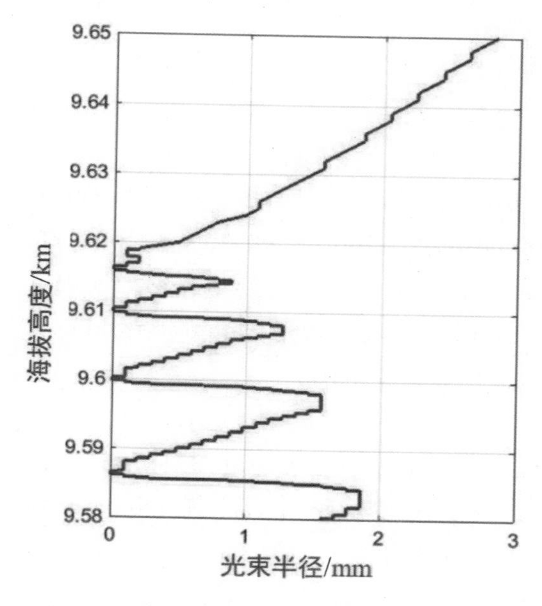

图 8.13　光束半径和传播距离（距地面的高度）之间的关系曲线

当输入参数为 $E_{in} = 60$ mJ, $w_0 = 40$ cm, $\tau_0 = 100$ fs, $f = 390$ km 时，激光的峰值激光强度，峰值等离子体密度，以及束腰半径随传输距离的演化如图 8.12 所示。可以看出，光丝的起点位置在距地面约 9.62 km，由于等离子体通道传输的不稳定性，束腰半径在形成光丝后也出现了较大的起伏，但最小的束腰半径达到了 100 μm 以下，如图 8.13 所示。接下来需要从提高精度和节约耗时两方面综合考虑去对此程序继续优化。进一步研究强飞秒高斯光束从地球轨道 400 km 到地面的传输，寻找合适的激光脉冲输入参数（如激光功率、光束直径、光束曲率，以及脉冲宽度等），使光束在距地面 10 km 以下成丝。通过改变这些参数和空间相位调制，来分析光丝长距离传输的特性，为星载光丝激光雷达探测大气污染物的种类和浓度提供理论基础。

另外，星载光丝远程传输是处于一个非常复杂的大气环境中，如大气组分及高度廓线、气溶胶组分、粒度分布、大气温湿度以及大气湍流等众多因素的影响。在仿真计算中，如何将这些条件加进去是我们在理论研究中面临的一项巨大挑战。

参考文献

[1] Luo Q, Liu W, Chin S L. Lasing action in air induced by ultra-fast laser filamentation[J]. Applied Physics B, 2003, 76 (3): 337-340.

[2] Yuan S, Wang T, Teranishi Y, et al. Lasing action in water vapor induced by ultrashort laser filamentation[J]. Applied Physics Letters, 2013, 102 (22): 224102.

[3] Dogariu A, Michael J B, Scully M O, et al. High-gain backward lasing in air[J]. Science, 2011, 331 (6016): 442-445.

[4] Yao J, Zeng B, Xu H, et al. High-brightness switchable multiwavelength remote laser in air[J]. Physical Review A, 2011, 84 (5): 051802.

[5] Chu W, Li H, Ni J, et al. Lasing action induced by femtosecond laser filamentation in ethanol flame for combustion diagnosis[J]. Applied Physics Letters, 2014, 104 (9): 091106.

[6] Hosseini S, Azarm A, Daigle J F, et al. Filament-induced amplified spontaneous emission in air-hydrocarbons gas mixture[J]. Optics Communications, 2014, 316: 61-66.

[7] Yuan S, Wang T, Lu P, et al. Humidity measurement in air using filament-induced nitrogen monohydride fluorescence spectroscopy[J]. Applied Physics Letters, 2014, 104 (9): 091113.

[8] Dogariu A, Miles R B. Three-photon femtosecond pumped backwards lasing in argon[J]. Optics express, 2016, 24 (6): A544-A552.

[9] Chu W, Zeng B, Yao J, et al. Multiwavelength amplified harmonic emissions from carbon dioxide pumped by mid-infrared femtosecond laser pulses[J]. EPL (Europhysics Letters), 2012, 97(6): 64004.

[10] Dogariu A, Chng T L, Miles R B. Remote backward-propagating water lasing in atmospheric air[C]//CLEO: Applications and Technology. Optical Society of America, 2016: AW4K. 5.

[11] Polynkin P, Cheng Y. Air lasing [M]. Cham: Springer International Publishing, 2018.

[12] Yuan L, Liu Y, Yao J, et al. Recent advances in air lasing: a perspective from quantum coherence[J]. Advanced Quantum Technologies, 2019, 2 (11): 1900080.

[13] Li H, Yao D, Wang S, et al. Air lasing: phenomena and mechanisms[J]. Chinese Physics B, 2019, 28 (11): 114204.

[14] Dogariu A, Miles R B. Nitrogen lasing in air[C]//CLEO: QELS_Fundamental Science. Optical Society of America, 2013: QW1E. 1.

[15] Laurain A, Scheller M, Polynkin P. Low-threshold bidirectional air lasing[J]. Physical review letters, 2014, 113 (25): 253901.

[16] Yao J, Chu W, Liu Z, et al. An anatomy of strong-field ionization-induced air lasing[J]. Applied Physics B, 2018, 124 (5): 1-17.

[17] Kartashov D, Ališauskas S, Andriukaitis G, et al. Free-space nitrogen gas laser driven by a femtosecond filament[J]. Physical Review A, 2012, 86 (3): 033831.

[18] Ding P, Mitryukovskiy S, Houard A, et al. Backward Lasing of Air plasma pumped by Circularly polarized femtosecond pulses for the saKe of remote sensing (BLACK) [J]. Optics express, 2014, 22 (24): 29964-29977.

[19] Kartashov D, Ališauskas S, Baltuška A, et al. Remotely pumped stimulated emission at 337 nm in atmospheric nitrogen[J]. Physical Review A, 2013, 88 (4): 041805.

[20] Kartashov D, Ališauskas S, Pugžlys A, et al. Theory of a filament initiated nitrogen laser[J]. Journal of Physics B: Atomic, Molecular and Optical Physics, 2015, 48 (9): 094016.

[21] Hemmer P R, Miles R B, Polynkin P, et al. Standoff spectroscopy via remote generation of a backward-propagating laser beam[J]. Proceedings of the National Academy of Sciences, 2011, 108 (8): 3130-3134.

[22] Liu Y, Ding P J, Ibrakovic N, et al. Unexpected sensitivity of nitrogen ions superradiant emission on pump laser wavelngth and duration[J]. Physical Review Letters, 2017, 119 (20): 203205.

[23] Liu Y, Brelet Y, Point G, et al. Self-seeded lasing in ionized air pumped by 800 nm femtosecond laser pulses[J]. Optics express, 2013, 21 (19): 22791-22798.

[24] Kartashov D, Shneider M N. Femtosecond filament initiated, microwave heated cavity-free nitrogen laser in air[J]. Journal of Applied Physics, 2017, 121 (11): 113303.

[25] Liu Y, Brelet Y, Point G, et al. Self-seeded lasing in ionized air pumped by 800 nm femtosecond laser pulses[J]. Optics express, 2013, 21 (19): 22791-22798.

[26] Wang T J, Ju J, Daigle J F, et al. Self-seeded forward lasing action from a femtosecond Ti: Sapphire laser filament in air[J]. Laser Physics Letters, 2013, 10 (12): 125401.

[27] Chu W, Li G, Xie H, et al. A self-induced white light seeding laser in a femtosecond laser filament[J]. Laser Physics Letters, 2013, 11 (1): 015301.

[28] Li H, Hou M, Zang H, et al. Significant enhancement of N_2^+ lasing by polarization-modulated ultrashort laser pulses[J]. Physical review letters, 2019, 122 (1): 013202.

[29] Xie H, Zhang Q, Li G, et al. Vibrational population transfer between electronic states of N_2^+ in polarization-modulated intense laser fields[J]. Physical Review A, 2019, 100 (5): 053419.

[30] Ando T, Lötstedt E, Iwasaki A, et al. Rotational, Vibrational, and Electronic Modulations in N_2^+ Lasing at 391 nm: Evidence of Coherent $B^2\sum_u^+ - X^2\sum_g^+ - A^2\Pi_u$ Coupling[J]. Physical review letters, 2019, 123 (20): 203201-203201.

[31] Li H, Song Q, Yao J, et al. Air lasing from singly ionized N 2 driven by bicircular two-color fields[J]. Physical Review A, 2019, 99 (5): 053413.

[32] Clerici M, Bruhács A, Faccio D, et al. Terahertz control of air lasing[J]. Physical Review A, 2019, 99 (5): 053802.

[33] Point G, Liu Y, Brelet Y, et al. Lasing of ambient air with microjoule pulse energy pumped by a multi-terawatt infrared femtosecond laser[J]. Optics letters, 2014, 39 (7): 1725-1728.

[34] Liu Y, Ding P, Lambert G, et al. Recollision-induced superradiance of ionized nitrogen molecules[J]. Physical review letters, 2015, 115 (13): 133203.

[35] Liu Y, Ding P, Ibrakovic N, et al. Unexpected sensitivity of nitrogen ions superradiant emission on pump laser wavelength and duration[J]. Physical review letters, 2017, 119 (20): 203205.

[36] Xu H, Lötstedt E, Iwasaki A, et al. Sub-10-fs population

inversion in N_2^+ in air lasing through multiple state coupling[J]. Nature communications,2015,6（1）: 1-6.

[37] Yao J, Jiang S, Chu W, et al. Population redistribution among multiple electronic states of molecular nitrogen ions in strong laser fields[J]. Physical review letters,2016,116（14）: 143007.

[38] Zhang Q, Xie H, Li G, et al. Sub-cycle coherent control of ionic dynamics via transient ionization injection[J]. Communications Physics,2020,3（1）: 1-6.

[39] Chen J, Yao J, Zhang H, et al. Electronic-coherence-mediated molecular nitrogen-ion lasing in a strong laser field[J]. Physical Review A,2019,100（3）: 031402（R）.

[40] Zhang A, Liang Q, Lei M, et al. Coherent modulation of superradiance from nitrogen ions pumped with femtosecond pulses[J]. Optics express,2019,27（9）: 12638-12646.

[41] Mysyrowicz A, Danylo R, Houard A, et al. Lasing without population inversion in N_2^+ [J]. APL Photonics,2019,4（11）: 110807.

[42] Liu Z, Yao J, Chen J, et al. Near-resonant Raman amplification in the rotational quantum wave packets of nitrogen molecular ions generated by strong field ionization[J]. Physical review letters,2018,120（8）: 083205.

[43] 姚金平,程亚．空气激光：强场新效应和远程探测新技术 [J]. 中国激光,2020,47（5）: 0500005.

[44] 李贺龙,王思琪,付尧,等．空气激光的原理,产生及应用 [J]. 中国激光,2020,47（5）: 0500017.

[45] Dicaire I, Jukna V, Praz C, et al. Spaceborne laser filamentation for atmospheric remote sensing[J]. Laser & Photonics Reviews,2016,10（3）: 481-493.